KAM 한국정보관리협회 · FBCI 글로벌식음료학회

사단법인 한국정보관리협회 · 글로벌식음료학회 공동주관
커피바리스타경영사 2급 자격검정 추천 수험서

Coffee Barista

커피바리스타경영사의 이해

최병호 · 김영은 · 김정훈 · 한준섭 공저

백산출판사

21세기 글로벌 시대의 산업구조는 지식, 기술, 정보에 대한 경쟁력이 강력히 요구되고 있다. 따라서 무엇보다 적합한 전문 인력의 양성이 절실해졌다.

이에 본서는 산업현장에서 오랜 기간 근무하면서 현장에서 요구되는 실무를 토대로 강단에서 다년간 가르치면서 연구를 통해 얻은 학문적 이론을 기초로 하여 출간하게 되었다. 본서는 다양한 음료분야에 대해 꼭 필요한 내용들을 요약 정리하였으며, 예상문제와 기출문제 등을 수록하여 음료자격증 전문 수험서로써 이 분야를 공부하는 분들에게 도움을 주고자 하였다.

본서가 음료에 관한 다양한 자격증을 필요로 하는 많은 분들에게 꼭 필요한 수험서가 되기를 간절히 바라는 바이다. 글로벌식음료산업연구소 연구위원들은 커피바리스타경영사, 와인소믈리에경영사, 칵테일아티스트경영사, 사케소믈리에경영사 등의 자격증에 대하여 꾸준히 연구하여 더 좋은 교재를 발간할 수 있도록 노력할 것을 약속드리며 본서가 각종 음료자격증 취득에 소중한 밑거름이 되기를 간절히 바라는 바이다.

글로벌식음료산업연구소 연구위원 일동

목차

5　커피향미 평가

Part 1

음료의 역사 및 정의

COFFEE BARISTA

음료의 역사

음료에 관한 역사는 고고학적 자료가 없기 때문에 정확히 알 수는 없으나, 자연적으로 존재하는 봉밀을 그대로 혹은 물에 약하게 타서 마시기 시작한 것이 그 시초라고 추측한다.

1919년에 발견된 스페인의 발렌시아(Valencia) 부근의 아라니아라고 하는 동굴 속에서 약 1만 년 전의 것으로 추측되는 암벽의 조각에는 한 손에 바구니를 들고 봉밀을 채취하는 인물 그림이 있다.

다음으로 인간이 발견한 음료는 과즙이다. 고고학적 자료로써 B.C. 6000년경 바빌로니아(Babylonia)에서 레몬 과즙을 마셨다는 기록이 전해지고 있다. 그 후 이 지방 사람들은 밀빵이 물에 젖어 발효된 맥주를 발견하여 음료로써 즐겼으며, 또한 중앙아시아 지역에서는 야생의 포도가 쌓여서 자연 발효된 포도주를 발견하여 마셨다고 한다.

인간이 탄산음료를 발견하게 된 것은 자연적으로 솟아 나오는 천연광천수를 마시게 된 데서 비롯되었다. 어떤 광천수는 보통 물과 달라서 인체와 건강에 좋다는 것을 경험으로 알게 되어 병자에게 마시게 했다.

기원전 그리스(Greece)의 기록에 의하면 이러한 광천수의 효험에 의해 장수했다고 전해지고 있다. 그 후 로마(Rome)시대에는 이 천연광천수를 약용으로 마셨다고 한다. 그러나 약효를 믿고 청량한 맛을 알게 되었으나, 그것이 물 속에 함유된 이산화탄소(CO_2) 때문이란 것은 발견하지 못했다. 탄산가스의 존재를 발견한 것은 18C경 영국의 화학자 조셉 프리스트리(Joseph Pristry)이며, 그는 지구상의 주요 원소 중 하나인 산소의 발견자로서 과학사에 눈부신 업적을 남겼다. 탄산가스의 발견이 인공탄산음료 발명의 계기가 되었고, 그 이후에 청량음료(Soft Drink)의 역사에 크게 기여하게 되었다고 할 수 있다. 또한 인류가 오래전부터 마시게 된 음료에는 유제품이 있다.

목축을 하는 유목민들은 양이나 염소의 젖을 음료로 마셨다. 현대인들이 누구나 즐겨 마시는 커피도 A.D. 600년경 예멘(Yemen)에서 한 양치기에 의해 발견되어 약재와 식료 및 음료로 쓰이면서 홍해 부근의 아랍국가들에 전파되었고 1300년경에는 이란(Iran)에 알려졌으며, 1500년경에는 터키(Turkey)까지 전해졌다.

인류가 음료에 있어서 향료에 관심을 갖게 된 것은 그리스, 로마시대부터라고 전해지고 있으나, 의식적으로 향료를 사용하게 된 것은 중세기경 십자군 원정이나 16C경부터 시작된 남양 탐험으로 동양의 향신료를 구하게 된 것이 그 동기가 되었다.

그 당시에는 초(草), 근(根), 목(木), 피(皮)에 함유된 향신료(Spice and Bitter)를 그대로 사용하였으며, 18C에 와서 과학의 발달과 함께 천연향료 또는 합성향료가 제조되기 시작하였다. 그리하여 19C에는 식품공업이 크게 발전하고 제품의 다양화와 소비자의 기호에 맞춘 여러 종류의 청량음료가 시장에 나오게 되었다. 그 외 알코올성 음료도 인류의 역사와 병행하여 많은 발전을 거듭해서 오늘에 이르렀고, 유제품을 비롯한 각종 과일주스가 나온 이후, 점점 다양화되면서 현재에 이르게 되었다.

인류 최초의 음료는 물로써 옛날 사람들은 아마 순수한 물을 마시고 그들의 갈증을 달래면서 만족하였을 것이다. 그러나 세계문명의 발상지로 유명한 티그리스(Tigris)강과 유프라테스(Euphrates)강의 풍부한 수역에서도 강물이 더러워 유역 일대의 주민들이 전염병의 위기에 처했을 때, 강물을 독자적인 방법으로 가공하는 방법을 배워 안전하게 마셨다고 전해지듯이, 인간은 오염으로 인해 순수한 물을 마실 수 없게 되자 색다른 음료를 연구할 수밖에 없었다.

2 음료의 정의

일반적으로 음료는 알코올이 함유되어 있는 유무에 따라 알코올성 음료와 비알코올성 음료로 구분하고 있다.

알코올성 음료는 제조방법에 따라 양조주, 증류주, 혼성주로 나뉘고, 비알코올성 음료는 청량음료, 영양음료, 기호음료로 나뉜다.

인간의 신체 구성요건 가운데 약 70%가 물이라고 한다. 모든 생물이 물로부터 발생하였으며, 인간의 생명과 밀접한 관계를 가지고 있는 것이 물, 즉 음료라는 것을 생각할 때 음료가 우리 일상생활에서 얼마나 중요한 것인가를 알 수 있다. 그러나 현대인들은 여러 가지 공해로 인하여 순수한 물을 마실 수 없게 되었고, 따라서 현대 문명 혜택의 산물로 여러 가지 음료가 등장하게 되어 그 종류가 다양해졌으며 각자 나름대로 기호음료를 찾게 되었다.

음료라고 하면 우리 한국인들은 주로 비알코올성 음료만을 뜻하는 것으로, 알코올성 음료는 '술'이라고 구분해서 생각하는 것이 일반적이라고 할 수 있다.

그러나 서양인들은 음료에 대한 개념이 우리와 다르다. 물론 음료라는 범주에서 알코올성, 비알코올성 음료로 구분하지만 마시는 것을 통칭하여 '음료'라고 하며, 어떤 의미로는 알코올성 음료가 더 포괄적으로 표현되기도 한다.

또한 와인(Wine)이라고 하는 것은 포도주라는 뜻으로 많이 쓰이나, 넓은 의미로는 술을 총칭하고, 좁은 의미로는 발효주(특히 과일)를 뜻한다.

일반적으로 술을 총칭하는 말로는 리커(Liquor)가 있으나 증류주(Distilled Liquor)를 뜻하며 독한 술, 증류주(Hard Liquor) 또는 스피릿(Spirits)이라고도 쓴다.

음료의 분류

음료 Beverage	알코올성 음료 (주류) Alcoholic Beverage	양조주 (Fermented Liquor)		맥주(Beer)
				포도주(Wine)
				과실주(Fruit Wine)
				곡주(Grain Wine)
		증류주 (Distilled Liquor)	위스키 (Whisky)	스카치 위스키(Scotch Whisky) 아이리쉬 위스키(Irish Whisky) 캐나디안 위스키(Canadian Whisky) 아메리칸 위스키(American Whisky)
				보드카(Vodka)
				진(Gin)
				브랜디(Brandy)
				럼(Rum)
				데킬라(Tequila)
				아쿠아비트(Aquavit)
		혼성주 (Compounded Liquor)		과실류(Fruits)
				종자류(Beans and Kernels)
				약초, 함초류(Herbs and Spices)
				크림류(Creme)
	청량음료 (Soft Drink)			탄산성 음료 비탄산성 음료
	영양음료 (Nutritious Beverage)			주스류(Juice)
				우유류(Milk)
	기호음료 (Fancy Beverage)			커피(Coffee) 차(Tea) 코코아(Cocoa)

Part 2

커피의 기초

COFFEE BARISTA

커피 히스토리

1

1. 커피의 발견과 발전과정

커피의 발견에 관한 여러 가지 설들이 전해 내려오고 있으나, 아직 어떤 전설이 진실인지는 밝혀지지 않고 있으며, 그럼에도 불구하고 그중에서 가장 보편적으로 알려진 것은 목동 칼디와 관련한 전설로 꼽히고 있다.

에티오피아의 고원지대에 사는 칼디라는 목동은 염소를 몰고 다니던 중 주위의 붉은 체리처럼 생긴 열매를 먹은 염소들이 매우 흥분하여 뛰어다니는 것을 수차례 관찰하게 되었다. 이 광경에 의문을 품은 칼디가 자신도 그 열매를 직접 따먹어 보고 그 또한 흥분과 기분 좋음을 느끼게 되는데 이 일화가 커피에 대한 최초의 발견이라고 전해 내려오고 있다.

빨간 열매를 먹고 흥분한 염소들과 칼디

이 광경을 목격한 수도승이 이를 신기하게 여기고 그 열매를 가져가 수도원에 전파하게 된다. 그 후 많은 노력과 연구의 결과로 붉은 열매를 이용하여 음료를 만드는 데 성공, 이것을 마시면 수련 시 졸음이 오는 것을 막아줄 뿐만 아니라 일상생활에 활기를 더할 수 있음을 깨달아 애용하게 되었다고 전해지고 있다.

커피의 생산을 위하여 가장 먼저 경작을 시작한 나라는 아라비아반도 남단의 예멘으로 알려져 있으며, 이때 커피는 약용 또는 식용으로 사용되었으나 추후 이슬람 문화권에 의해 음료로 발전되었다.

커피의 유럽 진출 계기는 십자군 전쟁이다. 처음 유럽으로 흘러 들어가게 된 커피는
'이교도의 음료', '짙은 검은색의 사탄의 음료'라 불리며 거부되었고, 심지어 일부 교회
지도자들은 교황에게 공식적으로 커피 금지령을 청하게 되었다. 그러나 판결을 위해
커피의 맛을 본 교황 클레멘스 8세는 이들의 요청과는 반대로 1605년 커피에 세례를
내리고 공식적으로 커피의 음용을 승인하였다.

1650년경 이슬람 문화권에서 대중적이었지만 종교적으로 사용되던 커피는 신성
한 음료라는 이유로 다른 나라로의 반출이 불가하였다. 이때 인도의 승려인 바바부단
(Baba Budan)이 이슬람으로 성지순례를 가게 되었다가 커피종자 7알을 몰래 반출하
여 인도 마이소어 지역에 심게 되었고, 그 이후 커피는 전 세계로 전파되었다.

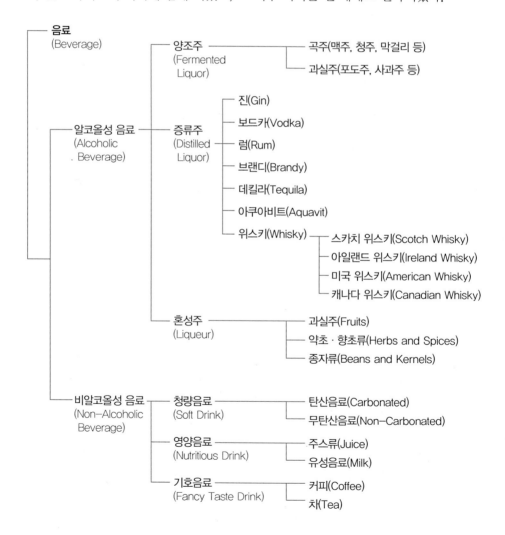

처음으로 커피가 한국에 소개된 것은 대략 1890년 전후로 알려져 있다. 공식문헌에 의하면 1896년 아관파천 당시 러시아 공사관에 머물면서 처음으로 커피를 접하게 된 고종황제가 그 맛을 잊지 못하여 우리나라에 들여온 것으로 기록되어 있다.

한국으로 돌아온 고종은 당시 커피를 서양에서 들어온 국물이라고 하여 '양탕국'이라 부르고, 정관헌(靜觀軒)이라는 서양식 건물을 짓고 그곳에서 커피를 즐겼다고 전해진다.

우리나라에서 최초의 커피를 판매하기 시작한 곳은 1902년에 독일인 손탁 여사에 의해 건립된 손탁호텔로 알려져 있다.

손탁호텔

2. 커피의 어원

Coffee라는 말은 고대 아랍어 Qahwah(콰화)에서 유래하여 커피어 Kahve(카베)를 거쳐 탄생한 것으로 전해지고 있다.

2

커피 식물학

1. 커피나무

커피의 원산지는 아프리카의 에티오피아로 추정되며, 1753년 식물학자 린네(Linnaeus)에 의하여 꼭두서니(Rubiaceae)과, 코페아(Coffea)속의 다년생 상록 쌍떡잎 식물로 분류되었다.

커피의 종(Species)은 매우 다양하나 그중 3대 원종으로 아라비카(Coffea Arabica), 카네포라(Coffea Canephora : Robusta), 리베리카(Liberica)종이 있다.

성장과 관련하여 커피나무는 2년 정도 성숙하면 키가 1.5~2m까지 성장하면서 그 즈음 첫 번째 꽃을 피우게 되고, 3년 정도 지난 후 정상적인 커피 열매 생산이 가능하다. 품종에 따라 아라비카(Arabica)종은 4~6m, 카네포라(Canephora)종은 8~12m까지 성장하기도 하지만 영양의 유지, 수확의 용이성, 외관 등 여러 가지 목적에서 가지치기 등을 통해 나무의 높이를 제한하고 있다.

커피나무의 잎은 품종에 따라 다소 차이가 있으나 잎 표면에 광택이 있으며, 가장자리가 물결 모양을 띤다. 전체적으로 아라비카종은 폭이 좁고 길이가 긴 편이라면, 로부스타종은 아라비카종에 비해 크기가 다소 크며, 둥근 형태를 띠고 있다.

커피나무

커피나무의 꽃을 살펴보면 색은 주로 흰색으로 꽃잎은 주로 5장이나, 품종에 따라 다소 차이가 있다. 커피꽃은 재스민 향과 아카시아 향이 오묘하게 조화되어 있으며, 이들은 수정 후 바로 시들어 버려 개화 후 2~3일 정도밖에 감상할 수 없다. 꽃이 시든 뒤 수주 후에는 작은 열매를 맺기 시작한다.

꽃이 피는 시기는 지역에 따라 상당히 차이가 있으나, 주로 건기에 피

커피나무 꽃

고 건기와 우기의 구별이 명확치 않은 적도 지역 등에서는 일 년에 여러 차례 꽃을 피우기도 한다.

2. 열매(체리)와 생두

커피꽃이 지면 수주 후 열매가 맺기 시작한다. 색은 초록색에서 빨간색으로 점차 익어가고 크기는 약 1.5~1.7cm, 형태는 타원형에 가깝다. 색과 형태가 일반 체리와 비슷하여 이를 커피체리 또는 체리라 불리기도 하나 과육층의 두께가 0.1~0.2m 정도로 매우 적은 편이어서 당도가 비교적 높음에도 불구하고 과일로는 적합하지 않다.

커피열매의 구조를 살펴보면 다음 그림과 같다. 특히 외과피 안쪽은 과육부분과 미끈미끈한 점액질의 펄프로 구성된다. 그 안쪽의 파치먼트는 단단한 막에 해당하며 은피는 내부 생두에 부착되어 있는 얇은 막을 말한다. 가장 안쪽에는 씨앗에 해당하는 생두가 있다. 주로 한 개의 커피열매 안에는 두 개의 씨앗이 들어 있는 경우가 대부분이고 마주보는 한쪽 면이 평평하여 플랫빈이라 부

커피열매

르기도 한다.

그러나 예외적으로 커피열매에 따라 생두 하나만 들어 있는 경우도 있으며, 이때의 생두를 피베리라고 한다. 피베리는 모양이 작고 둥글어 쉽게 식별할 수 있다.

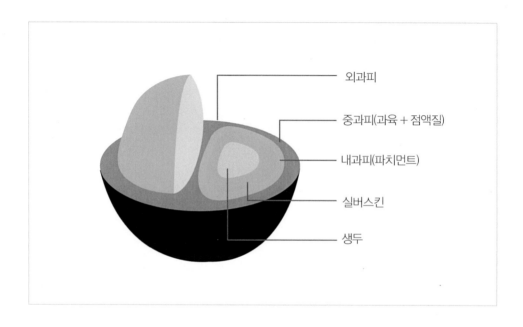

3

커피 품종

1. 아라비카종

세계 커피 총 생산량의 약 70%를 차지하는 아라비카종의 원산지는 에티오피아로 알려져 있으며, 현재는 주로 콜롬비아, 멕시코, 과테말라, 브라질, 케냐, 자메이카, 인도, 탄자니아, 코스타리카 등의 국가에서 주로 재배된다.

생두의 외관은 평평한 타원형에 진한 녹색을 띠며, 로스팅 시 마일드한 맛과 풍부한 향이 두드러진다.

재배조건과 관련하여 이 품종은 해발 900~2,000m, 연평균 기온 15~24℃, 강우량 1,500~1,600mm의 조건에서 원활하게 성장한다.

아라비카종에는 다양한 재배변종이 있으며 그 내용은 아래표와 같다.

아라비카의 품종과 특징

종류	특징
티피카 (Typica)	아라비카 원종에 가장 가까운 품종으로 우수한 향과 풍부한 신맛이 장점이나 커피잎 녹병에 취약하다는 단점을 가짐
카투라 (Caturra)	버본의 돌연변이종으로 크기는 작은 편
카투아이 (Catuai)	문도노보와 카투라의 교배종으로 병충해와 강풍에 보다 강함
버본 (Bourbon)	버본섬에서 발견되어 버본이라 불리며 작고 둥근 모양
마라고지페 (Maragogype)	티피카의 돌연변이종으로 콩의 사이즈가 크며 나무키가 크고 생산성은 낮음

문도 노보 (Mundo Novo)	버본과 티피카의 자연교배종으로 환경적응력 좋고 버본과 티피카의 중간형태를 가짐
HdT	아라비카와 로부스타의 교배종으로 커피잎녹병에 강하고 크기가 큰 편
카티모르 (Catimor)	HdT와 카투라의 교배종으로 사이즈가 크고, 높은 성장성과 다수확이 특징
켄트 (Kent)	인도의 고유품종으로 생산성이 높고 커피잎녹병(CLR)에 강한 것이 특징

2. 카네포라종(로부스타종)

세계 커피 생산의 약 20%를 차지하는 카네포라종은 주로 인도, 인도네시아, 타이, 베트남, 콩고 등에서 재배된다.

외관의 경우 아라비카종에 비해 둥글고 짧은 타원형태이며, 거칠고 쓴맛이 강하지만 이에 비해 향은 적은 편이다. 이러한 맛의 특징과 높은 생산량으로 카네포라종은 블렌딩시 인기가 높다.

카네포라종은 800m 이하의 고도에서 주로 생산되며 추위와 병충해에 강한 것이 특징이다.

참고로 카네포라종은 로부스타라 불리기도 하는데 이는 카네포라종의 한 품종 중 거의 대부분의 비율을 차지하는 품종이 로부스타이기 때문이기도 하다.

아라비카종과 카페포라종의 특징 비교

	아라비카종 (Coffea Arabica)	카네포라종 (Coffea Canephora)
원산지	에티오피아	콩고
생산량	69~70%	30~40%
주요 생산국가	브라질, 콜롬비아, 코스타리카 등	베트남, 인도네시아, 인도 등
고도	1,000~2,000m	700m 이하
적정 강수량	1,500~2,000m	2,000~3,000mm
기온	15~24°C	24~30°C
방충해	약함	비교적 강함
카페인 함량	0.8~1.4%	1.7~4.0%
맛	향미 풍부, 좋은 신맛	향미 떨어짐, 강한 쓴맛

4 커피나무 재배와 체리의 수확

커피나무가 주로 자라는 지역을 묶어 커피벨트 또는 커피존이라 부르는데 이는 북회귀선(23.5℃)과 남회귀선(23.5℃) 사이의 온화한 기후 지역에 해당한다.

1. 재배조건

커피나무는 연평균 15~24℃ 정도의 기온에서 잘 자라는데 특히 서리가 내리지 않는 지역이어야 한다.

커피 재배를 위한 적정 강우량은 아라비카의 경우 연간 1,400~2,000mm, 로부스타는 2,000~2,500mm 정도이며, 개화를 위해서는 적정기간의 건기가 있어야 한다. 아라비카는 60%, 로부스타는 70~75%의 습도가 적절하며, 대기 습도가 85% 이상이면 질 좋은 커피를 얻을 수 없다.

커피나무 재배를 위해서는 지형적으로 해발 1,000~3,000m의 약간 경사진 언덕이 적합하며, 커피 재배를 위한 가장 적절한 토양은 유기질과 무기질이 풍부한 화산성 토양으로, 표토층이 깊고 투과성이 좋아야 한다.

커피열매의 수확을 위해서는 연간 약 2,200~2,400시간의 일조량이 확보되어야 하나, 지나친 햇볕과 열은 커피나무에 긍정적이지 않다. 지역에 따라서는 강한 햇볕 조절을 위하여 셰이딩(Shading)의 방법을 활용하기도 하는데 이는 커피나무 중간중간에 커피나무가 아닌 다른 나무를 함께 심어 그늘을 조성하는 방법을 말한다.

2. 재배과정

흙을 넣은 폴리백 등에 파치먼트커피를 심고 발아시킨다. 발아된 커피 씨앗이 어느 정도 성장하여 외부에서도 살아남을 수 있는 적응력이 형성되면 파종 후 8~10개월 정도 지나 땅으로 이식한다. 성장 중 수시로 가지치기를 시행하는데 이는 수확량 증가, 수확의 용이성 등을 위함이다.

씨앗을 심은 후 3~5년 만에 주로 꽃을 피우고 개화 후 6~8개월이면 완숙하여 붉은 색의 과실을 채집할 수 있다.

3. 수확

커피열매가 성숙되면 다양한 방법으로 수확의 과정을 거치는데 그 방법을 살펴보면 아래와 같다.

핸드피킹이란 사람이 손으로 직접 골라서 따는 방식을 말한다. 사람이 직접 선별하므로 품질이 우수하고 균일한 커피를 생산할 수 있다. 하지만 인건비에 대한 부담과 숙련된 인부의 부족이라는 단점을 가진다.

스트리핑 방식은 가지 전체를 훑어내는 방식으로 일시적으로 수확이 가능하여 핸드피킹 방식보다 비용을 절감할 수 있다는 장점이 있으나, 가지를 훑어내는 방식을 사용하므로 익은 체리와 익지 않은 체리가 함께 수확될 수 있고, 나뭇잎과 가지 등 이물질이 섞여 수확될 수 있다는 단점이 있다. 이 밖에 나무의 손상, 수확시기 결정의 어려움 등이 문제로 제기되기도 한다.

기계수확의 경우 매우 큰 기계의 전동형 브러쉬가 나무를 통과하면서 수확하므로 노동력 절감과 대량생산이 가능하나, 이 또한 일시적 생산으로 선별 수확이 어렵고 나무에 손상을 줄 수 있다. 또한 현실적으로 기계의 이동을 수용할 수 있을 만큼의 넓은 평지가 확보되어야 하고, 기계가 고가라는 면을 고려할 때 한계점도 존재한다.

5 커피의 가공과 보관

1. 가공

커피열매는 수확한 후 가공까지 시간이 늦어지면 체리가 공기와 접촉하는 시간이 길어져 커피 맛에 부정적 영향을 받게 되므로 즉각적인 가공이 요구된다.

내추럴(Natural) 방식이란 체리수확 후 과육을 제거하지 않고 수확한 체리를 그대로 건조시키는 방식이다. 건조 시 파티오(Patio)라 불리는 마당에 수분함량이 20% 이하가 될 때까지 햇볕에 건조시키고, 그 후 기계에서 수분함량이 약 11~13%가 될 때까지 건조하게 된다.

워시드(Washed) 방식은 커피체리 가공 시 가장 먼저 체리를 가볍게 씻은 후, 물이 담긴 시멘트나 철로 된 탱크에 넣고 껍질을 제거하는 방식이다. 특히, 체리에서 펄프(과육)를 벗겨내는 작업을 펄핑(pulping)이라 하며, 파치먼트에 달라붙어 있는 끈적끈적한 점액질(Mucilage)을 제거하기 위해서는 전통적 방법인 발효과정을 거친다. 발효를 마친 후 생두상태의 커피체리는 건조시켜 보관한다.

워시드방식으로 가공된 커피는 발효과정에서 사용된 물을 제대로 정화하지 않고 버렸을 경우 주변환경 오염 등에 대한 우려가 있으나 밝고 깨끗한 맛을 느낄 수 있다는 점에서 큰 장점을 지닌 방식이다.

2. 포장 및 보관

가공을 마친 생두는 통기성이 좋아 장기간 보관에 유리한 황마나 사이잘삼 재질의 자루에 넣어 보관된다. 보통 한 자루에 생두가 약 60kg 들어가는데, 나라에 따라 50kg 또는 45kg으로 Packing하기도 한다.

생두 보관을 위해서는 온도 20℃, 습도는 40~50%, 빛이 안 들고 통풍이 잘 되는 장소가 바람직하다. 또한 벽에 붙이지 않고 약 20cm 정도 띄워 놓고 보관해야 하며, 바닥에는 나무 등을 깔아 자루가 바닥에 직접 닿지 않도록 한다. 여름 장마철에는 습도가 높으므로 각별한 주의가 요구되며, 보관기간은 1년이 넘지 않도록 한다.

6 생두의 분류

1. 커피 생두의 신선도에 따른 분류

생두는 수확시기와 신선도에 따라 뉴크롭, 패스트크롭, 올드크롭으로 분류된다.

뉴크롭이란 커피 수확으로부터 1년 이내의 것을 지칭하며, 푸른 청색을 띠고 수분 함량이 비교적 높고 여러 가지 성분이 많이 빠지지 않아 배전 시 향이 매우 풍부하다. 반면에 수분과 유지성분이 풍부하기 때문에 제대로 볶지 못하면 커피 표면에 얼룩이 지며 커피의 신맛이 무척 강하고, 커피의 속까지 제대로 익히지 못해 잡맛이 나기도 한다.

패스트크롭은 수확으로부터 1년이 경과된 커피 생두로 주로 녹색을 띤다. 뉴크롭과 비교하여 함수량이 저하되어 볶은 커피의 향기도 떨어진다. 수분이 빠져 뉴크롭에 비해 배전은 용이하나 신맛이나 향기 성분이 적고 커피의 풍미가 뛰어나지는 못한 편이다.

올드크롭은 커피의 수확으로부터 2년 이상 경과된 커피 생두로 색상은 연한 녹색에서 노란색에 가깝다. 함수량도 현저하게 저하되어 커피의 풍미와 성분이 현저히 저하되는 것을 볼 수 있다.

2. 등급에 따른 분류

생두를 분류하는 기준은 국가에 따라 상이하나 크게 생두의 크기, 결점두의 정도, 생산고도 이렇게 세 가지 기준에 의해 분류하는 경우가 대부분이다.

1) 크기에 따른 분류

생두의 등급을 크기로 분류하는 경우 주로 스크린 사이즈 측정 도구인 스크리너를 사용하며, 이때 크기가 클수록 높은 등급으로 분류된다. 콜롬비아, 케냐, 탄자니아, 하와이 등의 국가에서 생두의 크기에 따라 등급을 책정하는데 지역별 구체적 등급체계는 아래 표와 같다.

생두 사이즈에 따른 분류 및 등급

스크린 NO	크기 (mm)	English	Spanish	Colombia	Kenya	Africa & India
20	7.92	Very Large Bean	–	–	–	AA
19	7.54	Extra Large Bean				
18	7.14	Large Bean	Superior	Suprimo	AA	A
17	6.75	Bold Bean				
16	6.35	Good Bean	Segunda	Excelso	AB	B
15	5.95	Medium Bean				
14	5.55	Small Bean	Tercera		C	C
13	5.16	Peaberry	Caracol	U.G.Q (Usual Good Quality)	PB	PB
12	4.76					
11	4.30		Caracoli			
10	3.97					
9	3.56		Caracolillo			
8	3.17					

2) 재배 고도에 따른 분류

밀도가 높은 생두는 추출했을 때 맛과 향이 매우 풍부한 편인데 고도가 높을수록 일교차가 심해져 햇빛이 뜨거운 낮에는 생두가 팽창하고, 밤이 되어 기온이 하락하면 생두는 수축하게 된다. 이러한 현상의 반복을 통해 생두의 밀도가 높아지고 단단해진다. 따라서 고지대에서 생산된 생두일수록 대부분 높은 등급으로 분류된다.

고도에 따라 생두의 등급을 나누는 나라로는 과테말라, 온두라스, 멕시코 등이 있으며 국가별 등급체계는 아래와 같다.

생산고도에 따른 생두의 등급

나라	분류	산지명(상표명)	생산고도
과테말라	SHB	Antigua	1,600~1,700m
	FHB		1,500~1,600m
	HB		1,350~1,500m
	SH		1,200~1,350m
코스타리카	SHB	Tarrazu	1,200~1,650m
	GHB		1,100~1,250m
	HB		950~1,100m
	MHB		600~1,200m
자메이카	Blue Mt	Blue Mountain	
	High Mt		
	PW		
멕시코	SHG	Oaxaca	1,700m 이상
	HG		1,000~1,600m
온두라스	SHG		1,500~1,700m
	HG		1,000~1,500m
니카라과	SHG		1,500~2,000m
	HG		1,300~1,500m

3) 결점두에 따른 분류

일반적으로 결점두 수가 적을수록 높은 등급으로 분류되며, 특히 인도네시아와 에티오피아 등의 나라에서 결점두에 의해 생두의 등급을 책정한다.

특히 미국스페셜티커피협회(Specialty Coffee Association of America)에서는 생두의 등급 책정에 관한 국가마다의 다양한 방법들을 모두 고려하여 국제적으로 사용할 수 있는 합리적인 체계를 구축하였다. 가공과정이 끝난 생두 350g을 샘플링하여 스크린 사이즈, 무게, 비율, 함수율을 검사한 다음, 원두 100g을 샘플링하여 결점두의 양과 커핑 테스트(Cupping Test)를 통해 맛과 향까지 평가하였으며, 여기서 정한 결점두의 기준은 아래 표와 같다.

결점두의 기준

종류	특성	발생원인
Foreign Matter	커피 이외의 이물질	잘못된 수확, 선별
Fungus Damage	곰팡이로 인해 노랗거나 적갈색으로 변한 콩	잘못된 보관(온도, 습도)
Hul l/Husk	짙은 색의 마른 펄프	잘못된 탈곡, 선별
Immature /Unripe	실버스킨이 붙어 있고 오목한 콩, 작고 끝이 뾰족함	빠른 수확
Black bean	내부나 외부가 완전히 또는 부분적으로 검은콩으로 가볍고 센터 컷이 벌어져 있다.	늦게 수확되거나 흙에 접촉하여 발효된 경우
Broken /Chipped/ Cut	깨진 콩, 콩 조각	펄핑이나 잘못된 탈곡과정
Dry Cerry /Pod	마른 껍질에 싸여 있는 콩	습식 가공 시엔 잘못된 펄핑 건식 가공 시엔 잘못된 탈곡
Floater	하얗게 변하거나 색이 바랜 콩으로 가벼우며 물에 뜸	잘못된 보관, 건조
Shell	조개나 귀모양의 기형적인 콩	유전적 원인
Sour bean	발효된 콩으로 잘라보면 식초냄새가 나며, 노랗거나 붉은빛을 띰	늦은 수확, 땅에 떨어진 체리, 나무에 매달린 채 발효, 오염된 물로 가공 등의 원인
Withered bean	주름지고 작은 기형적인 콩	발육기간에 부족한 수분
Broca bean /Insect Damage	해충의 공격으로 구멍이 뚫려 있음	해충의 공격(3개 이상)
Parchment	건조된 파치먼트가 감싸고 있는 콩	잘못된 탈곡

세계의 커피

1. 아프리카와 아라비아

아프리카에서의 주된 커피 생산국으로는 에티오피아, 케냐, 탄자니아, 짐바브웨, 우간다, 마다가스카르, 콩고, 카메룬, 코트디부아르공화국 등이 있으며, 아라비아반도에는 예멘(모카) 등이 있다.

이 지역의 커피는 전체적으로 건조하며 이국적인 초콜릿맛과 과일향을 내는 풍미가 있으며 살짝 거친 것이 특징이다.

1) 에티오피아(Ethiopia)

고도가 약 1,300~1,800m, 연 강수량은 1,500~2,500mm, 온도는 15~25℃로 커피 재배에 적당한 조건을 갖추고 있다. 또한 토양은 영양분이 풍부하고 깊이가 1.5m 이상 되며, 지표면에 노출되어 있는 층은 약산성으로 어두운 갈색을 띤다. 유기농법으로 재배되기 때문에 좋은 토질이 계속 유지되고 있다. 커피의 등급은 '결점두'를 기준으로 이루어지며 샘플 300g 중 결점두가 몇 개 들어 있는가에 따라 1~8등급으로 분류된다.

에티오피아 최고의 커피로 인정받는 이가체프는 2,000~2,200m의 고지대에서 생산된다. 둥근 타원형이며, 조밀도가 강하고, 푸른색을 띤다. Acidity가 뛰어나고 Floral, Chocolaty한 향이 일품이며, 세척방식으로만 가공된다.

시다모에서 생산된 생두는 작거나 중간 크기로 둥글며 푸른빛을 띤다. 체리의 가공은 자연건조방식과 세척방식을 모두 사용하는데, 세척방식으로 가공된 커피는 부드럽고 Body와 Acidity가 균형을 이룬다. 또한 Floral과 Chocolaty한 향, 달콤한 맛을 느낄 수 있어 로스터들이 매우 선호하는 커피이다.

하라 지역의 생두는 중간이거나 긴 사이즈이며, 녹색에서부터 골드 빛이 도는 노란색까지 다양하다. 크기에 따라 큰 것은 롱베리(Longberry), 작은 것은 쇼트베리(Shortberry), 피베리는 모카(Mocha)라고 불린다. Acidity는 중간 정도이며 Body는 풍성하고 초콜릿의 Flavor를 느낄 수 있다. 자연건조방식으로만 가공되는데, 때에 따라서는 체리를 수확하지 않고 나무에 달아 놓은 채 말리기도 한다. 예멘에서도 사용하는 방법으로, 과일향과 풍부한 단맛을 느낄 수 있는 뒷맛에서는 약간의 발효된 맛이 나기

도 한다.

2) 케냐(Kenya)

커피 재배지역의 고도는 평균 1,500~2,100m이다.

이 지역 커피 생산량의 99.99% 이상이 아라비카이고, 로부스타 생산량은 0.01%도 되지 않는다.

핸드 피킹만으로 수확되며, 세척방식으로 가공된다. 모든 가공공정을 마친 생두는 수도인 나이로비에서 매주 화요일마다 열리는 옥션을 통해 가격이 결정되며, 수출은 몸바사(Mombasa)에서 이루어진다.

커피는 생두의 크기에 따라 다음과 같이 분류된다.

생두크기에 따른 분류

등급	크기
AA	Screen size 17~18
AB	Screen size 15~16
C	Screen size 14~15
E	가공과정 중 체리 안에 있는 두 개의 생두가 분리되었을 경우 Ears라고 부르며 large peaberry로 분류
이하 등급	TT, T, UG 등급 등으로 분류된다.

3) 탄자니아(Tanzania)

탄자니아는 지형적으로 북동부는 산악지역이고, 중앙은 플래토 지역으로, 커피는 275,000헥타르에서 아라비카 75%, 로부스타 25%가량이 재배되고 있다. 전체 생산량의 90%가량은 소규모 농장에서, 나머지 10%는 대규모 농장에서 생산된다. 소작농들은 아라비카(자연건조방식, 세척방식 모두 생산)와 로부스타를 모두 생산하는 반면, 대규모 농장에서는 아라비카만 생산하며 가공방식도 세척방식만을 고집한다. 대규모 농장에서 가공 세척방식의 아라비카는 전체 아라비카 생산량의 1/4가량을 차지한다.

4) 예멘(Yemen)

건조한 토양과 대기를 가진 재배지역으로 예멘 커피는 작고 매우 단단하며, 마타리(Mattari), 히라지(Hirazi), 다마리(Dhamari) 등에서 생산된 커피가 스페셜티급으로 간주된다.

대부분 자연건조방식을 이용하며, 커피 재배지역이 건조하기 때문이다. 잘 익은 체리는 옥상에서 건조되며, 과피와 파치먼트를 통째로 맷돌에 갈아서 벗긴다. 따라서 깨진 생두와 모양이 일정치 않은 생두들을 많이 볼 수 있다.

2. 아메리카

아메리카의 주요 커피 재배지역을 살펴보면 남미권에서는 브라질, 콜롬비아, 베네수엘라, 페루, 칠레, 파라과이, 에콰도르 등이, 중미권에서는 멕시코, 과테말라, 코스타리카, 엘살바도르, 파나마, 니콰라과 등이, 마지막으로 서인도제도에서는 쿠바, 도미니카공화국, 아이티, 자메이카 등이 주로 잘 알려져 있다.

아메리카의 커피는 균형 잡힌 맛과 중간 정도의 무게감, 밝고 명랑한 풍미에 깔끔한 끝맛이 특징이다. 18세기부터 커피를 재배하기 시작한 아메리카 지역은 현재 세계에서 가장 중요한 커피 생산지로 꼽힌다.

1) 콜롬비아(Colombia)

현재 주로 재배되는 품종은 버본, 카투라, 마라고지페이며, 티모르와 카투라의 교배종인 콜롬비아종도 약 25%가량 생산된다.

콜롬비아는 적도를 중심으로 남위 4°에서 북위 12° 사이에 위치하여 열대기후에 해당되나 고도에 따라 크게 4개 지역으로 구분된다. 커피나무는 800~1,900m 사이에서 재배되는데, 생산지역은 안데스산맥의 중심부·동부·서부로 나누어진다.

2) 브라질(Brazil)

브라질은 총 26개의 주(state) 중 약 13개 주에서 커피가 생산되며, 세계 커피 생산량의 약 25%에 해당하는 다량의 커피가 생산되는 지역이다. 주로 아라비카종이 재배된다.

체리의 수확은 주로 기계에 의한 수확(Mechanical Picking)방식이 이용되며, 브라질 커피가 저급으로 분류되는 이유 중 하나도 이 때문이다. 그러나 브라질에서도 일부 스페셜티급 커피 생산을 위해, 잘 익은 체리만을 선별하여 수확하는 핸드 피킹(Hand Picking)을 이용하기도 한다.

체리를 가공하는 방식은 자연건조방식, 세척방식, 펄프드 내추럴 방식(Pulped Natural), 세미 워시드(Semi-washed)방식의 4가지가 주로 사용되며, 특히 브라질은 자연건조방식을 이용하는 몇 안 되는 국가 중 하나이다.

산토스는 산토스커피가 수출되는 항구명으로 일반적으로 상파울루, 미나스제라이스, 파라나에서 생산된 생두가 혼합되어 수출된다.

3) 코스타리카(Costa Rica)

코스타리카는 북미 대륙과 남미 대륙을 연결하는 가교인 중미에 남북으로 길게 위치해 있으며 연평균 강수량은 1,800~2,500㎜의 열대기후이다.

커피 재배면적은 약 115,000헥타르로 100% 아라비카만을 재배하고 로부스타 재배는 법으로 금하고 있다. 재배되는 품종은 문도노보, 카투라, 카투아이, 카티모르종이다. 자연건조방식은 거의 사용되지 않으며, 주로 세미 워시드 방식이 사용된다.

가공을 마친 커피는 생산고도에 따라 등급이 결정되며 자세한 내용은 아래 표와 같다.

생산고도에 따른 분류

나라	분류	산지명(상표명)	생산고도
코스타리카	SHB	Tarrazu	1,200~1,650m
	GHB		1,100~1,250m
	HB		950~1,100m
	MHB		600~1,200m

4) 과테말라(Guatemala)

주로 재배되는 커피 품종은 버본, 아라비카, 티피카, 마라고지페 등으로 1750년에 유입되었으며, 현재는 280,000여 헥타르에서 생산되고 있다. 주요 커피 생산지로는 안티구아(Antigua) 등이 있다.

안티구아는 3개의 용암 분출구가 있는 계곡에 위치하고 있으며, 건기와 우기가 뚜렷하다. 기후조건은 평균 19~22℃, 고도 1,400~1,700m, 강우량 800~1,200mm 정도로, 커피 재배에 있어 최적의 조건을 지녔다 해도 과언이 아니다. 이 지역에서 생산된 커피는 벨벳과 같은 느낌을 주는 풍부한 Body, Smoky하고 톡 쏘는 듯한 느낌의 강한 Aroma와 좋은 Acidity가 특징이며, 전 세계적으로도 최상급 커피 중 하나로 인정받고 있다. 버본, 카투라, 카투아이종이 주로 재배되며, 수확은 1~3월 중순에 이루어진다.

커피는 재배고도에 따라 다음과 같이 등급이 책정된다.

생산고도에 따른 분류

등급	크기	약칭
Strictly Hard Bean	1,600~1,700m	SHB
Fancy Hard Bean	1,500~1,600m	
Hard Bean	1,350~1,500m	HB
Semi Hard Bean	1,200~1,350m	SH
Extra Prime Washed	1,000~1,200m	
Prime Washed	850~1,000m	
Extra Good Washed	700~850m	
Good Washed	700m	

5) 자메이카(Jamaica)

카리브해에 근접해 위치하며, 열대기후로 덮고 습하나, 섬 중앙 지역은 상대적으로 온화하며, 안개가 많이 낀다.

약 9,000헥타르에서 아라비카종만 재배하며, 재배고도는 600~2,000m이다. 체리는 주로 세척방식으로 가공하나, 일부 소규모 농장에서는 자연건조방식을 사용하기도 한다.

마비스뱅크(Mavis Bank)에 있는 실버힐(Silver Hill), 모이홀(Moy Hall), 웰렌포드 (Wallenford)에서 생산된 커피를 '블루마운틴(Blue Mountain)'이라 하는데, 이는 세계 최고의 커피로 인정받는 커피로써 그 이유는 생산지의 자연환경이다. 카리브 해의 온화한 기후, 배수가 잘 되는 토양, 연중 끼어 있는 안개로 인해 커피의 밀도가 높아지는 등 이 지역은 커피 재배의 이상적 기후를 지녔다.

커피 등급체계는 고도에 따라 분류되며 그 내용은 다음 표와 같다.

커피 등급체계

등급	크기
Blue Mountain	재배고도는 매우 높음. 푸른색 띰
Blue Mountain Valley	블루마운틴에 비해 고도가 조금 낮은 곳에서 생산. 우수한 맛과 향을 지님
High Mountain Supreme	고지대에서 생산된 커피 생두의 모양이 균일하고 긍정적인 Acidity, Aroma, Body가 감지됨
Prime Jamaica Washed Type1 and Type2	중지대에서 고지대 사이에서 생산. Aroma, Acidity, Body의 조화
Prime Jamaica Type3 and Type4	스크린 사이즈가 작고, 결점두가 발견
Triage A and B	수출 금지 등급

3. 아시아

아시아에서는 인도, 인도네시아, 베트남, 태국, 중국, 파푸아뉴기니 등이 주요 생산국으로 알려져 있으며, 이는 커피의 묵직한 무게감과 약간의 흙내음이 특징이다.

1) 베트남(Vietnam)

베트남은 세계 제2의 커피 생산국이다. 주로 베트남 중남부 지방에서 생산되며 베트남에서 생산되는 커피는 주로 저급의 로부스타종으로 흔히 인스턴트용이다.

2) 인도네시아(Indonesia)

인도네시아는 로부스타 생산 제1위 국가이며, 전체 생산의 7% 정도를 담당한다. 아라비카를 10%밖에 생산하지 않으나, 품질에 있어서는 그 어떤 커피에도 뒤지지 않는 독특한 개성이 있어 고품질의 커피로 평가받는다.

특히 수마트라 북부에서 생산되는 커피 중 만델링은 독특한 체리 가공방식으로 유명하다. 녹병에 의해 농장들이 큰 피해를 입기 전까지 자바는 세계의 커피 생산을 주도해 왔다. 그러나 녹병으로 인해 커피는 로부스타종으로 대체되었다. 독립 후 인도네시아 정부의 지원하에 초기부터 커피를 재배하던 몇몇 농장을 중심으로 다시 아라비카종을 이식하여 생산하고 있다.

4. 기타

1) 하와이(Hawaii)

커피는 약 2,500헥타르에서 생산되고 있으며, 평균 재배고도는 25~75m 사이로 높지는 않다. 체리는 핸드 피킹으로 수확되며, 세척방식으로 가공된다.

카우아이(Kauai)는 하와이에서 가장 큰 커피농장이 자리하고 있는 섬으로 커피농장 방문객을 위한 센터와 커피숍, 대형 로스팅 공장 등이 있다.

빅아일랜드섬에 위치한 후알랄라이산(Hualalai Mt.)과 마우나로아(Mauna Loa)의 비탈, 가로 길이 약 20마일, 세로 2마일 지역에서 생산되는 커피가 그 유명한 코나(Kona)이다. 이 지역은 지형적 조건으로 인해 오후에는 안개가 끼며 보슬비가 내리는

데, 가끔씩 이 보슬비는 당혹스러우리만큼 굵은 빗방울로 변해 폭우로 쏟아지기도 한다. 적당량의 비, 안개, 따뜻한 기온, 토양 등은 커피 재배의 이상적 조건이다.

커피의 등급은 생두의 크기와 결점두수에 따라 다음과 같이 구분된다.

생두크기와 결점두수에 따른 분류

등급	크기
Kona Extra	Screen Size 19, 허용 결점두수 최대 10개(300g 기준)
Kona Fancy	Screen Size 18, 허용 결점두수 최대 16개
Kona Prime	Screen Size와 상관없으나, 허용 결점두수 최대 20개

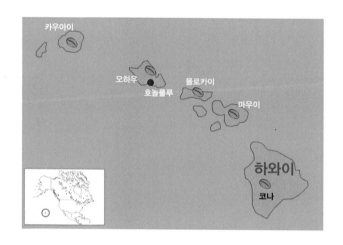

8 인공커피

1. 디카페인 커피(Decaffeinated coffee)

디카페인 커피란 카페인 성분을 제거한 커피로 카페인의 부정적인 시각으로 인해 고안되었다. 1819년 독일 화학자 룽게(Friedrich Ferdinand Runge)에 의해 최초로 카페인 제거기술이 개발되었으나 상업적 규모의 카페인 제거기술은 로셀리우스(Ludwing Roselius)에 의해 1903년에 개발되었다.

카페인 제거방법에 대한 다양한 기술이 개발되어 왔지만 여전히 품질, 카페인 제거율 향상을 위해 연구가 진행 중이다. 그 주요한 방법은 유기용매에 의한 추출법, 물에 의한 추출법, 또한 새로운 초임계 탄산가스에 의한 추출법 등이 있다. 어느 쪽의 방법도 생콩의 단계에서 카페인을 제거하는 것이 일반적이다.

Part 3

로스팅
(Roasting)

COFFEE BARISTA

로스팅의 의미

로스팅(Roasting)은 생두에 열을 가하여 원두 조직을 최대한 팽창시킴으로써 원두가 지닌 맛과 향을 표현하는 것이다.

즉 커피가 지니고 있는 진정한 맛과 향을 표현하는 가장 중요한 부분이다. 커피는 산지에 따라, 품종에 따라, 재배고도에 따라, 가공방법에 따라, 보관상태에 따라 다양한 맛과 향을 지닌다. 이러한 다양한 맛과 향은 로스팅이란 과정을 거침으로써 커피가 가지고 있는 고유의 특성을 잘 나타낼 수 있는 것이다.

로스팅에서 가장 중요한 역할은 로스팅을 통한 생두의 열처리 작업인데, 커피는 이 로스팅 과정을 통해서 커피 특유의 맛, 향, 색을 내고 다양하게 응용할 수 있게 된다.

로스팅은 복잡한 물리적·화학적 과정이 연속적으로 일어나며 이 과정 중에 색상, 맛, 향미 성분이 형성되어 커피콩은 건조해져서 부서지기 쉬운 구조로 변한다.

수분이 증발하고 이산화탄소와 휘발성 향미물질이 방출되어 무게는 감소하고 부피는 증가하므로 밀도는 감소한다.

커피를 로스팅하면 두 번의 크랙(Crack)이 발생하는데 1차 크랙은 콩의 세포 내부에 있는 수분이 증발하면서 나타나는 내부압력에 의해 발생하며, 2차 크랙은 주로 이산화탄소의 생성에 의한 팽창으로 발생한다.

첫째, 생두가 가지고 있는 수분을 로스팅 정도에 맞게 최대한 방출시키는 과정이다. 산지에서 수확된 생두는 건조과정을 거쳐 10~13% 정도의 수분을 함유하고 있으므로 촉촉함을 느낄 수 있다. 수분 감소는 로스팅 정도에 따라 달라지지만, 대개 중간 정도의 로스팅을 하면 4~5%로 감소하게 된다.

둘째, 생두의 조직을 최대한 벌어지게 만드는 과정이다. 즉 무수히 많은 구멍으로 이루어진 조직을 확장시킴으로써 커피 고유의 맛과 향을 표현할 수 있는 것이다.

제대로 로스팅된 커피는 쉽게 부서지며 수분의 함량이 적어 가벼운 느낌이며, 일정한 높이에서 떨어뜨리면 맑은 소리가 나는 것을 확인할 수 있다. 또한 분쇄한 후 추출하여 마셔보면 만족할 수 있는 맛과 향을 느낄 수 있다.

로스팅 단계는 크게 일본/한국식 기준으로 8단계로 분리할 수 있다.

Light　　Cinnamon　　Midium　　High　　City　　Full-City　　French　　Italian

로스팅 초기단계인 라이트 단계와 열에 의한 생두의 변화로 색이 갈변화하여 시나몬, 미디엄, 하이, 시티, 풀시티, 프렌치, 이탈리안으로 단계별 변화를 거치게 된다.

이는 색에 따른 기준으로 정해지며, 이외에도 미국식, 유럽식 기준이 있으며 주로 색에 의한 분류로 나누고 있다.

2 로스팅 단계 및 분류법

로스팅 과정을 열전도에 의한 변화라 볼 수 있는데 이는 커피콩이 열을 흡수하여 화학적인 변화를 일으키는 과정을 통하여 원두의 모습으로 변하기 때문이다.

열은 생두의 얇은 피막(은피)에 먼저 전달되어 중심부(센터컷)를 통하여 내부로 전달되고, 다시 밖으로 흘러 나오는데 밖으로 나올 때에는 들어갈 때보다 열이 빠른 속도로 흘러 나오게 된다.

표면의 피막층(은피)이 열을 받게 되면 커피는 일정한 온도를 유지하게 된다.

이 시기가 지나면 커피콩이 본격적으로 열을 흡수하여 수분이 날아가는데 이 과정에서 콩은 노란색에서 갈색으로 변하면서 서서히 익게 된다.

로스팅을 열에 의한 변화단계로 나누면 다음과 같다.

1. 수분증발단계

처음 수분이 급작스럽게 공기중으로 날아가면서 색의 변화가 빠르게 진행된다. 수분을 적절히 날려주지 못하면 수분에 의해 향의 손실이 발생하게 된다. 이에 적절한 화력의 조절이 중요하며 로스터는 이를 잘 확인하여 커피콩의 변화를 잘 관찰해야 한다.

2. 뜸들이기단계

이 단계는 수분이 거의 빠져나간 갈색의 커피콩에 수분함량의 조절을 통하여 보다 향미로운 커피로 만들기 위한 수분조절시기이다. 이 단계를 통해 커피의 수분을 조절하면서 골고루 익힐 수 있게 된다.

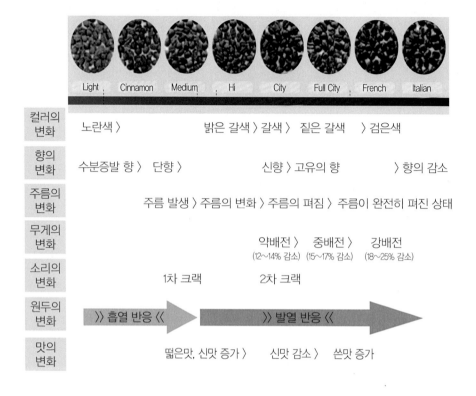

Light	Cinnamon	Medium	Hi	City	Full City	French	Italian

컬러의 변화	노란색 〉　　　　　밝은 갈색 〉 갈색 〉 짙은 갈색　〉 검은색
향의 변화	수분증발 향 〉　단향 〉　　　　신향 〉 고유의 향　　　〉 향의 감소
주름의 변화	주름 발생 〉 주름의 변화 〉 주름의 퍼짐 〉 주름이 완전히 퍼진 상태
무게의 변화	약배전 〉　중배전 〉　강배전 (12~14% 감소) (15~17% 감소) (18~25% 감소)
소리의 변화	1차 크랙　　　　2차 크랙
원두의 변화	》〉흡열 반응 《　　》〉 발열 반응 《
맛의 변화	떫은맛, 신맛 증가 〉　신맛 감소 〉　쓴맛 증가

3. 1차 크랙 단계

적절한 온도와 수분함량이 맞으면 아주 경쾌한 '탁탁'하는 소리가 들리면서, 구수한 향미가 난다. 이 단계는 커피의 향이 강하게 나타나며, 변화도 빠르게 진행된다. 이 단계에서 발생하는 소리는 생두의 특성과 열의 조절에 따라 다르게 나타난다.

4. 휴식단계(휴지기)

2차 터짐의 시기 전 잠시 터짐의 소리가 멈추는 시점이 있는데, 이 시간을 휴식단계라 한다. 1차 크랙단계의 시간 정도로 나타날 수 있도록 화력을 조절한다면 콩이 균일하게 볶이는 것에 도움이 된다.

5. 2차 크랙 단계

색은 진한 밤색계열로 변화되고 커피의 표면이 고르게 반질반질해지는 시점이다. 이 단계에서 보통 로스팅이 끝나게 되며, 커피 변화의 속도가 빨라지게 되는 단계이다. 잔량의 수분을 조금만 날리면서 골고루 볶아주는 것이 중요하며 화력의 강도로 생각한다면 약하게 하여 커피의 변화를 예민하게 조절하는 것이 좋다.

열에 의한 변화단계

8단계 분류법			SCAA 분류법	
단계	색	맛과 향	단계	색
라이트 (Light)	밝고 연한 황갈색	신향, 강한 신맛	Very Light	Tile #95
시나몬 (Cinnamon)	연한 황갈색	다소 강한 신맛, 약한 단맛과 쓴맛	Light	Tile #85
미디엄 (Medium)	밤색	중간 단맛과 신맛, 약한 쓴맛, 단향	Moderately Light	Tile #75
하이(High)	연한 갈색	단맛 강조, 약한 쓴맛과 신맛	Light Medium	Tile #65
시티(City)	갈색	강한 단맛과 쓴맛, 약한 신맛	Medium	Tile #55
풀 시티 (Full City)	진한 갈색	중간 단맛과 쓴맛, 약한 신맛	Moderately Dark	Tile #45
프렌치 (French)	흑갈색	강한 쓴맛, 약한 단맛과 신맛	Dark	Tile #35
이탈리안 (Italian)	흑색	매우 강한 쓴맛, 약한 단맛	Very Dark	Tile #25

3 로스터기의 구조

커피 볶는 기계를 로스터기라고 한다.

일반적으로 드럼식 로스터기를 사용하고 있으며 이 드럼식 로스터기의 구조는 아래 사진과 같다.

드럼 본체를 일정한 속도로 회전시켜 드럼 안의 커피콩 표면과 속을 골고루 익혀 주는 역할을 하며 화력에 대한 조절과 댐퍼를 통한 열량의 조절, 싸이클론에서 커피의 은피를 따로 분리하는 역할을 하게 된다.

최종적으로 커피를 배출 시 쿨링 트레이에서 3분 이내로 커피를 식혀주는 기능도 중요한 부분이다.

드럼식 로스터기

즉, 커피콩을 너무 길지 않은 시간 안에 골고루 잘 익혀주며 빠른 시간 안에 식혀주는 것이 로스팅 기계의 가장 중요한 기능이며 내구성은 기본적인 기능이 되어야겠다.

- 전원 on/stop 스위치: 로스터 본체에 전원 on, off 기능
- 화력 조절계(가스노브): 드럼 내·외부에 필요한 열량을 공급하는 역할
- 온도계: 드럼 내부의 온도 변화를 체크해 주는 역할(실내/드럼내부온도 표시)
- 호퍼: 볶을 생두를 담아놓는 곳
- 확인창: 커피의 볶음 정도를 볼 수 있는 창
- 확인봉(테스트스푼): 로스팅 중 향, 모양, 컬러의 변화를 직접 확인할 수 있는 봉
- 원두배출구: 로스팅을 마친 커피가 배출되는 곳
- 쿨링트레이: 로스팅된 커피를 빠르게 식혀주는 역할
- 냉각 쿨러: 골고루 식혀주기 위한 교반 역할
- 댐퍼: 드럼 내부의 열량, 향, 연기, 실버스킨 등을 조절하는 기능
- 집진기(싸이클론): 로스팅 과정에서 발생하는 실버스킨과 기타 불순물을 모아주는 기능

4 로스터기의 기능에 따른 종류

로스터기는 사용하는 재료에 따라 가스식, 전기식, 오일식으로 나눌 수 있다.

가스식은 LPG(프로판가스), LNG(도시가스) 등의 가스를 열원으로 사용하는 방식으로 순간 화력이 좋고 화력의 조절이 실용적인 것이 장점이며, 화재의 위험성만 잘 방지한다면 일반적으로 가장 많이 사용하는 방식이 되겠다.

전기식은 전기 열원을 이용하여 커피드럼을 데워주는 방식이다.

화력의 조절이 미세하며 가스식에 비해 안전하지만 전기의 사용에 따라 다운되는 현상이 발생할 수 있고 화력의 순간적인 조절이 어려운 부분이 있다. 이를 잘 조절할 수 있다면 괜찮은 방식이 되겠다. 이외에도 오일식, 적외선식, 숯불식 등의 다양한 방식이 있다.

또한 열의 전달방식에 따라서 직화식, 반열풍식, 열풍식이 있다.

열의 전달방식에 따른 로스터기의 종류

종류	직화식	반열풍식	열풍식
특징	화력이 드럼의 구멍을 통하여 직접 드럼 내부의 커피를 로스팅하는 방식으로 구조가 단순하고 고장이 적다.	화력의 일부는 드럼 구멍을 통하여 커피를 로스팅하고 또 일부는 드럼 뒤쪽을 통하여 드럼 내부로 전달되어 데워진 드럼에 의하여 로스팅되는 방식이다.	드럼의 뒷부분을 통하여 열풍을 순환시켜 로스팅하는 방식. 드럼방식이 아닌 경우도 있다. 열풍의 특성에 따라 다양한 형태가 있다.
장점	• 개성적인 맛의 표현 • 화력의 특성을 잘 나타낼 수 있다.	• 균일도가 좋은 로스팅 • 복합적인 특성을 띤다.	• 빠른 배전시간과 균일도가 가장 좋음
단점	• 균일도가 불안정 • 화력의 미세한 조절이 중요	• 개성적인 맛 표현 부족 • 열량의 과부하나 부족현상이 발생할 수 있다.	• 향과 맛의 표현이 부족 • 미세한 조절을 할 수 없다.
구조			

5 로스팅 특성에 따른 변화

단계/색	변 화
투입(연녹색)	**투입 후~120℃ 정도** • 생두가 열을 흡수한다. • 표면은 주름이 잡히는 듯하며 쪼그라들기 시작한다. • 약 2~4분 정도 경과하면 열을 충분히 흡수한 수분이 기화하면서 풀 냄새와 같은 안 좋은 냄새가 난다(탈수현상, 수분증발향).
Yellow~Cinnamon (연노랑→연갈색)	**150℃ 정도** • 컬러는 노란색을 띠기 시작하며 은피의 분리가 서서히 일어나는 시점으로 원두의 모양은 수축된 상태를 유지한다(Yellow 단계). • 쿠키를 구울 때 느껴지는 단향이 난다. • 조밀도에 따라 향이 나는 시간이 다르다. • 댐퍼를 닫아 1차 크랙 시 주름의 변화에 좋은 영향을 미치도록 한다. **170℃ 정도** • 컬러는 연한 갈색. 고소한 향이 강해지는 시점(Cinnamon단계).
1차 크랙(갈색)	**180~200℃ 정도** • 약 8분 정도가 경과하면 원두 내부의 수분이 증발하고 내부 섬유조직이 팽창, 파괴되기 시작한다(흡열반응). • 원두 표면은 주름이 좀 더 많아지며 1차 크랙이 시작되면 신향이 강하게 발산되기 시작한다. • 이 과정에서 마치 팝콘 튀기는 듯한 소리가 들리고 고유의 향이 느껴지기 시작한다. • 부피는 약 50~60% 팽창, 무게는 15~17% 감소

 2차 크랙(진갈색)	210~215℃ 정도 • 주름은 원두조직의 파괴와 더불어 완전히 펴지며 다공질의 조직으로 진행 • 생두가 건열 분해되면서 열을 밖으로 발산, 조직이 2차로 팽창한다. • 신향이 줄면서 원두 고유의 향이 나타나는 시점으로 원산지별 커피의 개성적인 향을 느낄 수 있는 포인트이다. • 로스팅이 가파르게 진행된다. • 부피는 80~90% 팽창, 무게는 18~23% 감소
 2차 크랙 이후 (흑갈색)	225℃ 이후 • 최대로 커진 상태 • 오일이 나오면서 부피의 변화는 멈추게 됨 • 커피향의 발산과 원두조직의 벌어짐이 최고치가 되는 시점
 배출/쿨링	• 로스팅 시점이 되면 배출구를 개방하여 커피를 빼낸다. • 로스팅된 원두는 자체온도에 의해 로스팅이 계속 진행되므로 최대한 빨리 식혀준다 • 최대 3~5분 이내로 냉각을 완료해야 한다.
마무리	원두가 충분히 냉각되면 이물질이나 불량원두, 과다/과소 로스팅된 원두를 골라낸다.

6 로스팅 과정

1. 전처리

생두에 포함되어 있는 결점두는 맛에 나쁜 영향을 주기 때문에 로스팅 전에 핸드픽을 하여 선별한다. 결점두는 심하게 손상된 것과 약하게 손상된 것으로 구분할 수 있으며 로스터는 이를 잘 구분하여 로스팅 시에 좋은 결과가 나올 수 있도록 결점두를 잘 골라내야 한다.

1) 결점두수에 따른 등급

에티오피아 분류법

분류	결점두수	비고
Grade 1	0~3	
Grade 2	4~12	U.G.Q(Usual Good Quality) 등급
Grade 3	13~25	
Grade 4	20~45	
Grade 5	46~100	
Grade 6	101~153	
Grade 7	154~340	
Grade 8	340 이상	수출금지등급

각 나라 분류법

Type No	브라질	뉴욕	프랑스
2	결점 4	결점 6	결점 8
2/3	결점 8	결점 9	결점 12.5
3	결점 12	결점 13	결점 17
3/4	결점 19	결점 21	결점 23.5
4	결점 26	결점 30	결점 30
4/5	결점 36	결점 45	결점 58.5
5	결점 46	결점 60	결점 87
5/6	결점 64		결점 123
6	결점 86		결점 158

커피 규격 결정표(견본 300g 중에 포함된 것)

혼입물	개수	결점	비고
검은색 입자	1	1	결점 8
껍질 붙은 입자	1	1	결점 12.5
아르지드	1	1	변질 콩(사와커피)
마리에이로	2	1	Parchment커피
콘샤(조개껍질 콩)	3	1	조개껍질 모양으로 갈라진 콩
예르디	5	1	미성숙 콩(은피가 녹색인 콩)
분쇄입자	5	1	결점 87
쇼쇼	5	1	미성숙 콩(성징이 부족한 콩)
브롯카식 입자	5	1	결점 158
작은 돌, 흙덩이(대)	1	5	
작은 돌, 흙덩이(중)	1	2	
작은 돌, 흙덩이(소)	1	1	
가지 부스러기(대)	1	5	
가지 부스러기(중)	1	2	
가지 부스러기(소)	1	1	

2) SCAA의 분류기준에 따른 결점두(Defect Bean)의 종류

검게 변한 생두(Black Bean: 블랙빈)

깨진 생두(Broken Bean: 브로큰 빈)

조개껍데기 모양으로 깨진 생두(Shell: 쉘)

하얗거나 색이 바랜 콩(Floater: 플로우터)

벌레먹은 생두(Insect Demige Bean: 인섹트 데미지 빈)

냄새나는 생두(Stinker: 스틴커)

발효된 콩으로 자르면 식초냄새가 난다.
(Sour Bean: 사워빈)

곰팡이에 의해 변질된 콩
(Fungus: 펑거스)

짙은 색을 띤 마른 펄프조각
(Hull: 헐/Husk: 허스크)

건포도처럼 주름지고 작은 기형콩
(Withered Bean: 위더드 빈)

마른 껍질에 싸여 있는 콩
(Dried Cherry: 드라이드체리/Pod: 파드)

덜 성숙한 생두
(Quaker: 퀘이커)

Parchment(파치먼트)

이물질(Foreign Matter: 포린 매터)

2. 예열

로스팅 머신을 사용하기 전에 20~30분 동안 기계 내부의 공기 흐름을 안정시키고 생두 투입 시 최적조건을 만들어주기 위해 반드시 예열을 한다. 낮은 온도부터 시작하여 천천히 온도를 올려 예열해 주는데 너무 빨리 예열하면 기계 본체(특히 드럼)에 치명적인 충격이 가해질 수 있다. 로스팅 열의 전달방식이나 투입량에 따라 실내 온도/습도에 따라 예열온도가 달라지는데 이는 투입온도와 같은 맥락이라고 보면 된다. 투입온도를 잘 설정하여 생두에 적합한 로스팅을 만들어낼 수 있어야 한다.

3. 로스팅 공정

가정에서 쉽게 볶아서 신선한 커피 맛과 향을 즐길 수 있는 간편한 수망 로스터(손잡이가 있는 미세한 망으로 만들어진 로스팅 기구)는 커피 마니아 사이에서 호평받는 기구이다. 여러 번 반복해서 연습하면 균일한 원두의 색깔을 얻을 수 있고 조직을 잘 벌어지게 할 수 있다. 단, 숙달되지 않은 경우 색깔의 불균형, 탄 맛의 증가, 비린 맛 등이 나기도 한다.

그만큼 단순하면서도 매우 복잡한 로스팅을 효율적으로 잘 완성하기 위해 각 로스팅 공정을 잘 이해할 수 있어야 한다.

1) 로스팅 머신의 용량

본인이 사용해야 할 머신의 용량과 이상적인 생두 투입량 등을 사전에 검토할 필요가 있다. 로스팅 순서는 다음과 같다.

첫째, 충분히 예열시킨다. 생두 투입량은 1kg 머신을 기준으로

- 첫 번째 투입량(1st Batch: 배치) 약 50%(생두 투입량 500g)
- 두 번째 투입량(2nd Batch) 약 50%(생두 투입량 500g)
- 세 번째 투입량(3rd Batch) 약 80%(생두 투입량 800g)의 순서대로 투입한다.

위와 같이 투입량이 다른 이유는 드럼의 내부와 외부의 열량을 균일하게 만들기 위해서이다. 즉 30분 이상 충분히 예열된 로스팅 머신의 경우에도 전원을 끈 상태에서 장시간 사용하지 않으면, 드럼 내·외부의 열량 불균형으로 표현하고자 하는 커피 맛을 얻을 수 없기 때문이다. 따라서 처음과 두 번째 로스팅 과정까지는 약 50%, 그 후에는 80%를 투입하고 로스팅한다.

둘째, 위의 과정을 거친 뒤부터는 원하는 커피 맛과 향을 얻을 수 있으므로 800g(용량의 80%)을 투입하여 로스팅한다.

1kg의 로스팅 머신을 기준으로 최대 생두 투입량은 1kg, 최소 투입량은 500g이다. 그러나 가장 이상적인 투입량은 800g, 즉 로스팅 머신 용량의 약 80%에 해당한다고 볼 수 있다.

2) 생두의 평가

원산지에서 가공된 생두는 여러 경로를 거쳐 우리 손에 들어오게 되는데 준비된 생두는 로스팅하기 전 정확하게 평가하는 과정이 필요하다. 정확히 평가된 생두만이 성공적인 커피의 맛과 향을 표현할 수 있으며, 잘못된 평가는 전혀 엉뚱한 맛과 향으로 나타나기 때문이다.

3) 로스팅 포인트 결정

표현하고자 하는 커피 맛과 향에 가장 일치하는 로스팅 포인트를 결정한 다음 로스팅한다. 로스팅 중에는 많은 물리·화학적 변화가 일어나므로 미리 포인트를 결정하고 로스팅을 해야 성공적인 결과물을 얻을 수 있기 때문이다.

자신의 로스팅 포인트를 결정하기 위해서는 볶음 정도에 따른 맛과 향의 차이점, 볶은 후 시간 경과에 따른 맛과 향의 변화 등을 체크하도록 한다. 로스팅 등급별 맛과 향의 차이는 자신이 추구하는 커피 세계를 파악할 수 있는 좋은 방법이기 때문이다.

또한 볶은 후 시간이 경과함으로써 맛과 향의 변화를 하나하나 체크하여 정리해 보면, 로스팅 포인트에 따라 맛과 향이 가장 좋은 시점을 느낄 수 있다.

4. 로스팅의 4대 변화

로스팅 중 생두는 크게 4가지의 변화가 일어난다. 생두 표면에 열이 공급되면 내·외부가 변화하기 시작한다.

1) 컬러의 변화(Change of Color)

녹색(Green) → 노란색(Yellow) → 황색(Cinnamon) → 밝은 갈색(Light Brown) → 갈색(Medium Brown) → 짙은 갈색(Dark Brown) → 검은색(Dark)으로 변화하며, 각 단계마다 미세한 색의 변화가 있다. 생두의 종자, 조밀도, 수분함량, 가공방법에 따라 변화되는 시점에는 차이가 있지만 색의 변화는 동일하다.

커피 로스팅 컬러의 변화

2) 향의 변화(Change of Aroma)

생두 고유의 향 → 수분증발 향, 생두향 → 단향 → 단향과 신향 → 신향 → 신향과 커피 고유의 향 → 커피 고유의 향 → 향의 감소 → 향의 소멸로 진행된다.

후각을 통해 각 단계별 향의 변화를 느낄 수 있는데, 이는 로스팅하면서 느끼는 행복 중 하나이며, 커피 산지에 따른 향 차이와 변화는 매우 흥미로운 일임에 틀림없다. 예를 들면, 커피에 따라 단향은 다양한 느낌으로 나타나는데, 캐러멜향(Caramelly), 너트향(Nutty), 초콜릿향(Chocolaty), 꿀향(Honey) 등이다.

3) 모양의 변화(Change of Shape)

생두의 모양은 조밀도, 수분, 함량에 따라 크게 2가지 형태로 변화한다.

① 조밀도가 강하면서 수분함량이 많은 생두의 경우

노란색(Yellow), 1차 크랙(1st Crack)단계에서 원두 표면에 많은 주름이 생기게 되는데, 이는 수분함량과 단단함의 정도에 따른 현상이다. 원두표면의 주름은 2차 크랙(2nd Crack)이 진행되면서 완전히 펴지게 되고, 원두의 내·외부 조직의 벌어짐을 최대화시켜 커피의 맛과 향을 이끌어내게 되는 것이다.

② 조밀도가 약하면서 수분함량이 적은 생두의 경우

부피의 변화만 일어나며, 원두 표면의 주름은 조밀도가 강한 생두에 비해 적게 생긴다. 원두 조직을 벌리는 데 어려움이 적어 비교적 쉽게 로스팅할 수 있다.

4) 무게의 변화(Change of Weight)

수분의 함량과 로스팅 정도에 따라 무게의 변화는 다르다.

약하게 볶으면 원두 내부의 수분 증발이 적게 이루어지나, 강하게 볶으면 수분의 증발이 많아 무게가 가벼워진다. 로스팅을 강하게 할수록 무게는 점점 감소하여 수분함량이 0%까지 내려가기도 한다.

예를 들어, 1kg 생두를 로스팅할 경우, 로스팅 정도에 따른 무게의 변화는 다음과 같다.

- 약한 로스팅(Light Roasted): 12~15% 정도 감량, 약 850g 생산
- 중간 로스팅(City Roasted): 17~20% 정도 감량, 약 800g 생산
- 강한 로스팅(French Roasted): 25% 정도 감량, 약 750g 생산

로스팅 방법

	저온 · 장시간 로스팅	고온 · 단시간 로스팅
로스터의 종류	드럼형	유동층형
커피콩의 온도	200~240℃	230~250℃
시간	8~20분	1.5~3분
밀도	상대적으로 팽창이 적어 밀도가 큼	상대적으로 팽창이 커 밀도가 작음
향미	신맛이 약하고 뒷맛이 텁텁하나 중후함이 강하고 향기가 풍부	신맛이 강하고 뒷맛이 깨끗하나 중후함과 향기가 부족
가용성 성분	적게 추출	10~20% 더 추출
경제성	유동층 로스팅이 한 잔당 10~20%의 커피를 덜 쓰게 하므로 경제적이다.	

블렌딩

커피의 특성이 서로 다른 커피를 혼합하여 새로운 맛을 창조하는 것을 말하며 블렌딩을 하기 위해서는 단종별로 커피의 특성을 제대로 이해하고 있어야 한다.

블렌딩 방식

	단종블렌딩 (Blending After Roasting)	혼합블렌딩 (Blending Before Roasting)
방법	각각의 생두를 따로 로스팅한 후 블렌딩하는 방법	정해진 블렌딩 비율에 따라 생두를 미리 혼합한 후 로스팅하는 방법
특성	• 생두의 특성을 최대한 발휘 • 로스팅 횟수가 많고 재고관리가 어렵다. • 항상 균일한 맛을 내기가 어렵다. • 로스팅 컬러가 불균일하다.	• 한 번만 로스팅을 하므로 편리 • 로스팅 컬러가 균일하다. • 재고부담이 적다. • 균일한 커피 맛을 낼 수 있다.

Part 4

커피 추출

COFFEE BARISTA

추출의 정의

커피 추출은 품질 좋은 생두를 선별하여 각 생두가 충분히 맛을 낼 수 있는 로스팅 포인트로 배전된 원두를 적정한 크기로 분쇄한 후 다양한 추출기구와 물을 사용해서 커피의 질 좋은 성분을 뽑아내는 것을 말한다.

핸드드립 커피의 가장 큰 특징은 다양한 산지의 커피 맛을 느낄 수 있다는 것이다. 또한 머신에서 추출되는 커피와 비교할 때 사람의 손맛과 정성이 배어나는 커피라 할 수 있다.

2 추출의 조건

1. 볶음도

커피는 로스팅 정도에 따라 맛과 향의 특징이 다르다. 따라서 핸드드립을 할 때에는 같은 커피라도 볶음도에 따라 다르게 추출해야 한다. 예를 들어 신맛이 좋은 커피는 약볶음으로 신맛의 특징을 극대화할 수 있고, 쓴맛이 뛰어난 커피는 중볶음으로 쓴맛의 특징을 최대한 살릴 수 있다.

	라이트	시나몬	미디엄	하이	시티	풀시티	프렌치	이탈리안
맛향	강한 신맛 강한 떫은맛	강한 신맛 강한 떫은맛	강한 신맛 떫은맛	신맛과 매우 약한 쓴맛	신맛과 약한 쓴맛	약한 신맛과 쓴맛	강한 쓴맛 매우 약한 신맛	매우 강한 쓴맛

2. 분쇄도

커피를 분쇄하는 이유는 물이 닿는 커피의 표면적을 넓혀 커피와 물을 최대한 많이 만나게 하기 위해서이다. 분쇄할 시에는 추출기구에 맞춰 분쇄도를 조절해야 좋은 성분들을 추출할 수 있다. 커피의 분쇄도가 가늘 경우 원두 표면적이 넓어져 원두 속으로 물이 잘 통과하여 성분들이 잘 추출될 수 있고 커피의 분쇄도가 굵은 경우 표면적이 좁아져 원두 속까지 물이 통과하지 못하여 성분들이 원활하게 추출되지 않을 수 있다.

분쇄하는 기구를 그라인더(Grinder)라 부르며 수동 그라인더와 전동 그라인더로 나눌 수 있다.

3. 물의 온도

물의 온도가 높을수록 커피의 성분들을 우러나오게 하는 힘이 강해지기 때문에 성분들이 많고 쓴맛이 강한 커피가 만들어지고 물의 온도가 낮으면 성분들을 우러나오게 하는 힘이 약해지기 때문에 성분들이 적고 신맛의 커피를 만들 수가 있다.

약하게 로스팅한 커피는 신맛이 강하기 때문에 낮은 온도의 물로 추출할 경우에 커피의 신맛이 더욱 강하고 날카롭게 나타날 수 있으며, 강한 볶음도의 커피를 높은 온도의 물로 추출할 경우에는 불필요한 성분들까지 추출되어 잡맛이 나올 수 있다. 따라서 추출에 사용할 물의 온도는 커피의 로스팅 정도에 맞추어 정하는 것이 좋다.

4. 커피양

일반적으로 커피를 추출할 때에는 10g을 사용하여 150ml를 2~3분 정도 추출하는 농도를 보통의 커피 농도로 부른다.

커피의 양이 10g보다 적을 경우 커피의 성분들이 적게 추출되어 약한 농도로 커피가 추출되고 10g보다 많이 넣어 추출할 경우에는 진한 농도로 커피가 추출된다.

5. 추출시간

추출시간도 영향을 주게 되는데 추출시간이 짧으면 그만큼 커피의 성분들을 추출할 시간이 줄게 되어 커피의 농도가 옅게 만들어지고 추출시간이 길면 진한 커피의 농도로 커피가 추출될 수 있다.

6. 추출량

추출량은 10g을 사용하여 150ml 추출한 커피보다 더 많이 추출하면 물의 양이 많아져서 약한 커피가 만들어질 수 있고 추출량이 적으면 진한 커피가 만들어질 수 있다.

7. 커피의 산패

커피는 로스팅을 하게 되면 시간이 지남에 따라 향기가 소실되고 더 나아가 맛이 변질되는데 증발(Evaporation)-반응(Reaction)-산화(Oxidation)의 3단계 과정을 거치게 된다.

산패요인

요인	산패진행
산소	포장 내 소량의 산소만 존재해도 완전 산화된다.
수분	상대습도가 100%일 때 3~4일, 50%일 때 7~8일, 0%일 때 3~4주부터 산패가 진행된다.
온도	온도 10℃ 상승 시마다 2.3승씩 향기성분이 빨리 소실된다.
로스팅 정도	강한 로스팅일수록 함수율이 낮으며 오일이 배어나오고 더욱 다공질 상태가 되어 산패가 약한 로스팅에 비해 빨리 진행된다.
분쇄입도	분쇄상태의 커피는 원두보다 5배 빨리 산패가 진행된다.

8. 커피의 포장방법

커피의 포장방법은 공기포장, 진공포장, 밸브포장, 질소가스포장 방법 등이 있으며 질소를 가압하여 포장하는 질소가압포장이 포장방법 중 보관기간이 가장 긴 것으로 알려져 있다. 커피의 포장재료가 갖추어야 할 조건은 보향성(保香性), 차광성(遮光性), 방기성(防氣性) 등이다.

1) 좋은 커피를 위한 조건(SCAA Brewing Handbook)

① 커피와 물의 적정비율
  • 적정한 커피농도: 1.0~1.5%
  • 적정 추출수율: 18~22%
② 추출시간에 따른 정확한 분쇄
  • 추출시간이 길수록 입자를 굵게
  • 짧을수록 입자를 가늘게
③ 추출기구의 적절한 조작
  • 커피분쇄 입자와 물의 접촉시간
  • 물의 온도
  • 난류(Turbulence)
④ 최적의 추출방법

⑤ 좋은 품질의 물

• 50~100ppm의 무기질이 함유된 물

• 신선하고 맛이 좋고 냄새와 불순물이 없는 물

⑥ 적당한 여과수단

3 커피 추출기구

1. 드리퍼(Dripper)

여과지를 올려놓고 분쇄된 커피를 담는 기구를 말하며 각 형태에 따라 같은 커피를 사용하여 추출해도 커피의 맛이 달라지므로 종류별로 그 특성을 이해해야 원활한 추출이 이루어진다.

2. 리브(Rib)

드리퍼 내부의 요철을 말하며 물을 부었을 때 공기가 빠져나가는 통로 역할을 한다.

3. 드리퍼의 종류

명칭	추출구	특징
멜리타(Melitta)	1개	추출구가 한 개이며 전체 폭이 약간 크고 칼리타에 비해 경사가 가파르다.
칼리타(Kalita)	3개	추출구가 세 개이며 리브가 촘촘하게 설계되어 있다.
고노(Kono)	1개	추출구가 한 개로 원추형이며 리브의 수가 적고 높이가 드리퍼 중간까지만 있다.
하리오(Hario)	1개	Kono와 유사한 형태로 리브가 나선형이며 드리퍼 끝까지 있다.

4. 다양한 추출기구

기구	특성
터키식 커피 (Ibrik)	가장 오래된 추출기구로 여과를 하지 않으므로 커피입자를 에스프레소보다 더 가늘게 분쇄한다.
사이펀 (Siphon, Syphon)	사이펀은 증기압을 이용하여 추출하므로 진공식 추출이라고 하며 원래 명칭은 배큐엄 브루어(Vacuum Brewer)이다. 사용되는 열원(熱源)은 알코올램프, 할로겐램프와 가스스토브이다.
워터 드립 (Water drip)	더치커피(Dutch coffee)라고도 하며 찬물로 장시간 추출(4~12시간)하는 방식으로 원두의 분쇄도와 물이 맛에 중요한 작용을 한다. 찬물로 추출하여 카페인이 아주 적게 추출되는 것으로 알려져 있다.
멜리타 (Melitta)	멜리타 드리퍼를 1908년 독일의 멜리타 벤츠(Melitta Bentz) 부인이 발명하여 페이퍼 드립의 출발이 되었다.
융 드립 (Flannel)	커피의 불용성분이 잘 추출되고 팽창이 원활해 바디(Body)를 강하게 느낄 수 있고 뒷맛이 상당히 부드럽게 느껴지는 장점을 가지고 있다. 융 필터는 깨끗한 물에 담가 냉장 보관한다.
프렌치 프레스 (French press)	많은 머피성분이 컵 안에 남게 되어 바디가 강한 커피를 추출할 수 있다.
모카 포트 (Moka pot)	1933년 알폰소 비알레띠(Alfonso Bialetti)에 의해 탄생하였으며 가정에서 쉽게 에스프레소를 즐길 수 있는 추출기구로써 불에 직접 올려놓고 가열하는 직화식(直火式) 추출기구이다.

커피를 생산하지 않는 우리나라의 경우, 생두에 관한 정보가 많지 않아 로스팅과 추출 테크닉에 의해 커피 맛이 변경된다고 여기던 시절이 있었다. 그러나 음식도 재료의 신선도가 중요하듯이, 한 잔의 맛있는 커피를 추출하기 위해서 가장 중요한 것은, 좋은 품질, 신선한 생두임을 다시 한번 밝혀둔다.

커피 추출방법

같은 원두를 사용했음에도 불구하고 어떤 기구를 사용하여 추출하느냐에 따라 커피 맛은 현저하게 달라질 수 있다.

현재까지 개발된 커피기구들은 다양하나, 다음과 같은 몇 가지 원리에 의해 추출된다.

1. 커피 추출원리

1) 우려내기 방식(steeping)

분쇄된 원두가 뜨거운 물과 일정한 시간 접촉한 후 추출액을 분리하는 방식으로, 프렌치 프레스가 대표적이다.

2) 끓임방식, 달임방식(boiling, decoction)

분쇄된 원두를 뜨거운 물에 넣고 일정 시간 끓여주는 방법으로, 커피의 가용성 성분이 가장 많이 추출된다. 이브릭(긴 손잡이 달린 주전자)이 해당된다.

3) 반복여과 추출방식(percolation)

뜨거운 물과 커피 추출액이 반복하여 커피층을 통과하면서 추출되는 방식으로, 퍼콜레이터가 대표적이다. 추출시간은 커피의 입도, 물의 온도 등에 따라 달라진다.

4) 여과 추출방식(drip filtration)

여과용 필터에 분쇄한 원두를 넣고 위에서 뜨거운 물을 주입하여 커피를 추출하는 방식으로, 전기식 커피메이커, 핸드드립방식이 대표적인 여과 추출법에 해당된다.

5) 진공여과 추출방식(vacuum filtration)

우려내기 방식을 변형한 것으로, 사이펀 추출기가 대표적이다.

6) 가압여과 추출방식(pressurized infusion)

2~10기압의 뜨거운 물이 커피층을 통과함으로써 가용성 성분과 불용성 성분을 함께 추출하는 방식으로, 에스프레소 머신이 해당된다.

2. 커피 추출기구

1) 이브릭(Ibrik)

인류가 커피를 제대로 즐기기 시작한 것은 이브릭이라 불리는 터키식 포트를 이용하면서부터이다.

이브릭은 18세기 초까지 커피를 추출하는 유일한 달임법이었다.

아랍인들은 이브릭을 일명 게츠베`라고도 부른다.

세계에서 가장 오래된 커피 추출법이다.

이브릭(Ibrik)

◆ 터키식 커피 만들기

① 커피를 아주 가늘게 분쇄한다.(에스프레소보다 더 가늘게)

  – 커피를 아주 가늘게 분쇄해야 거품이 사라지고 찌꺼기가 빨리 가라앉는다.

② 1인분에 4~5g 정도의 분쇄한 커피를 추출기구 안에 넣는다.

③ 1인분에 80ml 정도의 찬물을 추출기구 안에 붓는다.

④ 중간 세기의 불 위에 이브릭을 올려놓는다.

　- 너무 센 불은 커피를 덜 추출하게 하며, 약한 불은 과다추출하게 되어 맛이 없다.

⑤ 거품과 함께 끓어 오르면 넘치기 전에 기구를 불에서 내렸다가 가라앉으면 다시 불 위에 올려놓는다.

　- 처음 거품이 생기는 것은 물이 끓는 것이 아니라 커피 속의 가스가 나오는 현상이며 이때 물의 온도는 약 80~90℃이다.

　- 거품이 끓어서 용기 밖으로 넘치지 않도록 해야 한다. 거품이 덜 생기면 커피가 신선하지 않은 것이다.

⑥ 이렇게 끓어 오르며 내리는 동작을 2~3회 더 반복한 후 작은 잔에 커피를 따른다.

　- 커피 찌꺼기가 잔에 남아 있으므로 가라앉혀서 마신다.

2) 사이펀(Siphon, Syphon)

사이펀은 일본에서만 통용되는 이름이고, 우려내기 방식으로 추출되는 모든 기구들의 정확한 명칭은 배큐엄 브루어(Vacuum Brewer)이다.

처음 보는 사람들의 입에서 항상 감탄 소리가 흘러나올 정도로 우리 눈을 즐겁게 해주는 기구 중 하나이다.

1970년대 후반~1980년대 중반까지 대학가 주변의 커피숍에서 많이 취급했다고 하나, 보관과 취급의 불편함 때문에 현재는 유행의 뒤편으로 사라졌다. 그러나 사이펀의 향수를 기억하는 중년의 분들을 종종 만나곤 한다.

사이펀(Siphon, Syphon)

일본에는 사이펀으로만 커피를 추출하여 판매하는 전문점들이 많이 있다. 몇 해 전 일본의 대형 커피 회사인 UCC에서 명동과 강남에 대형 사이펀 커피 전문점을 오픈했었는데, 큰 성공을 거두지 못하고 문을 닫고 말았다. 여러 가지 문제점이 있었겠으나, 추출기의 보관과 취급에도 어려움이 있었다고 한다.

지금부터는 사이펀의 기구적인 특징과 추출방법에 대해 알아보기로 하자.

(1) 기구의 소개

증기 압력과 진공 흡입 원리를 이용한 기구로, 상부 로트와 하부 플라스크는 모두 유리로 되어 있으므로 취급할 때에는 항상 주의를 기울인다.

상부 로트에는 여과 필터를 끼워서 사용하는데, 종이를 끼워 사용하는 플라스틱 필터와 융 필터 모두 사용 가능하다.

물을 끓이기 위해서는 알코올램프, 할로겐램프, 가스 등을 사용한다.

사용하는 원두는 일반적으로 시티 로스팅 이상의 것을 사용하며, 분쇄입도는 약 0.5mm 정도로 핸드드립에 비해 약간은 가늘게 한다.

개인적인 입맛에 따라 차이는 있겠지만, 보편적으로 핸드드립방식에 비해서 맛은 덜하다고들 한다. 여과가 아니라 우려내기 방식이기 때문일 것이다.

(2) 추출방법

약 12g의 원두를 이용하여 150ml(한 잔 분량)의 커피를 추출해 보기로 하자.

① 하부 플라스크에 뜨거운 물을 넣고 가열한다. 차가운 물을 넣고 사용할 경우 물을 끓이는 데 오랜 시간이 걸리기 때문이다. 150ml의 커피를 추출하기 위해서는 180ml 정도의 물이 필요하다.
   ※ 주의: 플라스크에 물기가 있으면 반드시 닦은 후에 사용한다. 물기가 있는 상태로 가열하면 터질 수 있기 때문이다.
② 커피를 분쇄한다.
③ 필터에 여과지를 끼운 후 돌려 두 개의 필터를 단단히 고정한다.
④ 여과 필터를 상부 로트에 끼우고, 밑에 달려 있는 홀더를 관에 걸어서 고정한다.
⑤ 로트를 플라스크에 살짝 걸쳐 놓는다. 예열의 효과가 있다.
⑥ 물이 끓으면 로트에 분쇄한 커피를 넣은 후 평평하게 되도록 살짝 쳐준다.
⑦ 불을 절반 정도 줄이고 로트를 삽입한다.
⑧ 스틱을 로트 가장자리에 꽂아준다.
⑨ 플라스크에 물이 로트로 다 올라오면 스틱을 10회 정도 저어준다.
⑩ 스틱 회전 후 25~30초가 경과하면 불을 끄고 다시 스틱을 10회 정도 저어준다.
⑪ 커피가 하부 플라스크에 내려오면 로트를 뺀다.

⑫ 하부 플라스크에 있는 추출액을 잔에 붓는다. 핸드드립의 경우 추출하는 물의 온도를 강제로 내렸으나, 사이펀은 그런 과정이 없으므로 커피의 온도가 더 높다.

3) 모카 포트

이탈리안 스토브 탑(Italian-Stove-Top)이라고도 부르는데, 추출되는 원리는 증기압에 의해서이다.

이탈리아를 여행하면서 대부분의 가정 주방에 모카 포트가 있는 것을 발견하고 '대중적인 기구다'라고 생각했었다. 물론 판매하고 있는 곳도 주방용품 매장인데, 크기, 모양과 디자인, 재질 등이 정말 다양하다.

그런데 재미있는 사실은 이탈리아 가정에서는 모카 포트를 전혀 닦지 않고 사용하는 것이 관습처럼 되어 있다는 것이다. 다시 말해, 추출한 후

모카 포트

에 전혀 닦지 않고 재사용(再使用)을 거듭한다는 얘기다. 닦게 되면 커피가 맛이 없어지기 때문이라고 하는데, 어떻게 해서 나온 얘기인지는 알 수 없으나 어이없을 정도로 잘못된 논리이다. 커피 내의 지방성분이 기구 내에 흡착하여 산패하면 커피 맛에 악영향을 주기 때문이다. 또한 필터와 필터 바스켓에는 작은 구멍들이 많이 있는데, 세심하게 세척하지 않으면 커피가루가 끼어 추출이 어려워진다. 어떤 기구든지 사용 후에는 다음 추출을 위해 청결한 상태를 유지하는 것이 중요하다.

(1) 기구의 특징

기구를 살펴보면 세 부분으로 이루어져 있다.

하단 포트에 있는 물을 가열하면 수증기가 생기고, 이 수증기의 힘에 의해 물이 필터 바스켓의 관을 따라 올라가게 된다. 한편 바스켓에 담겨 있는 커피가루는 물이 끓으면서 찐 상태가 된다. 관을 타고 올라간 물이 쪄진 커피가루를 통과하면서 커피 성분이 추출되고 추출액은 상단 포트 추출구를 통해 나오게 되는 원리이다.

일반적으로 풀시티 이상 강하게 로스팅된 원두를 사용하는데, 1잔 즉 30ml의 커피를 위해서는 약 7~8g의 원두가 사용된다.

(2) 추출방법

30ml, 1잔의 커피를 위해 7~8g의 원두를 이용하여 추출한다. 30ml의 추출액을 위해서는 일반적으로 45ml의 물이 필요하다.

① 하단 포트에 물을 붓는다. 하단 포트에는 압력 밸브라고 하는 것이 있는데, 물은 압력 밸브보다는 적게 부어야 한다.

② 필터 바스켓에 분량의 분쇄한 커피를 담고 스푼을 이용하여 살짝 눌러준다. 평평하지 않을 경우 수증기 압력으로 물이 올라올 때 균일하게 커피가루층을 통과하지 못하기 때문이다.

③ 상단 포트를 뒤집어서 고무 패킹과 필터가 제대로 장착되어 있는지 확인한다.

④ 상단 포트와 하단 포트를 잘 돌려서 단단하게 고정한다. 최근에는 모카 포트 전용 여과지를 사용하기도 하는데, 사용하게 되면 추출액이 좀 더 부드러워진다. 여과지는 필터 바스켓 위에 올려놓는다.

⑤ 약불을 이용하여 약 2~3분 정도 끓여준다. 모카 포트를 불 위에 직접 올려놓지 않고, 전용 삼발이를 불 위에 올려놓은 후 그 위에 모카 포트를 올려놓기도 한다.

⑥ 추출이 시작되면 '퍽퍽' 하는 소리가 나는데, 단시간에 추출이 이루어지므로 주의한다. 추출구를 통해 분출되다시피 추출되므로, 추출되는 동안 상단 포트 뚜껑을 닫아두어야 한다. 추출 종료 후에도 계속 불 위에 올려놓으면 고무 패킹이 녹아 기구 전체를 못 쓰게 되는 경우가 종종 있으니 주의하자.

⑦ '치익' 하는 소리가 나면 추출이 종료된 것이다. 불을 끄고 추출된 커피를 잔에 따른다. 증기압을 이용하는 방식이기는 하나 크레마를 기대하기는 어렵다.

4) 워터드립(Water drip)

더치커피(Dutch coffee)라고도 하며 찬물로 장시간 추출(4~12시간)하는 방식으로 원두의 분쇄도와 물이 맛에 중요한 작용을 한다. 추출된 커피를 냉장보관하여 오래 숙성을 거치기 때문에 시간이 지날수록 강한 커피 맛과 부드러운 와인 맛을 동시에 지니는 신비의 커피이다. 마치 오래 숙성시킨 와인과 비교하기도 한다. 그래서 더치커피는 커피의 와인, 커피의 눈물이라는 별명을 가지고 있다. 카페인은 70℃ 이상의 온도에서만 추출되므로 찬물에서는 소량만 추출된다. 물 500ml에 분쇄커피 70g 정도를 넣는다. 분쇄도는 드립과 에스프레소의 중간 정도이며 물은 2~3초에 한 방울씩 떨어뜨린다.

대용량 더치커피기구

5) 융 드립(Flannel)

　융은 커피성분 중 지방을 흡착하지 않고 그대로 추출하게 하여 커피 맛을 풍부하게 하는 장점이 있기는 하나, 보관하고 관리하는 데 어려움이 따른다. 융 드립은 일반 드립커피에 비해 매끈매끈한 감촉이 느껴지는 부드러운 커피를 추출해 주는 드리퍼이다. 일반 드리퍼에 비해 사용과 보관에 번거로움이 따르지만 융 드립한 커피의 맛은 필터로 걸러내는 맛과 확실한 차이가 난다.

융 드립

6) 프렌치 프레스

프렌치 프레스는 다양한 용도로 사용된다. 커피를 추출하기도 하지만 차(茶)를 우려 마실 때, 가정에서 카푸치노를 만들기 위해 우유 거품을 낼 때도 사용된다. 커피추출 시 비교적 간단하게 사용할 수 있으나, 청소가 불편하고 커피성분이 충분히 우러나지 않는다는 단점이 있다.

프렌치 프레스

티 메이커(Tea-Maker), 플런저 (Plunger), 멜리오르(Melior) 등의 다양한 이름을 가지고 있는데, 프랑스 보덤(Bodum) 사가 크게 유행시켜, 현재는 프렌치 프레스(French Press)라는 명칭이 보편적이다.

(1) 기구 특징

구성은 유리로 된 용기와 피스톤이 달린 뚜껑의 두 부분으로 매우 간단하다. 유리 용기에 분쇄한 커피를 넣고 뜨거운 물을 붓는다. 일정시간이 경과하면 커피성분이 녹아 나오게 되는데, 그때 피스톤으로 눌러 추출액만 분리해 내면 된다.

우려내기 방식과 가압추출방식이 혼용된 추출방법이라고 할 수 있다.

(2) 추출방법

한 잔의 커피(약 150ml)를 추출하기 위해서는 약 10g의 커피와 200ml의 물이 필요하다.

① 커피를 약 1.0mm 정도로 굵게 분쇄한다.
② 프렌치 프레스의 뚜껑(피스톤 포함)을 빼고 분쇄한 커피를 넣는다.
③ 90~95℃의 물 약 200ml를 붓는다.
④ 커피가루가 뜨면 수저로 저어준다.
⑤ 저은 후 약 1분~1분 30초 정도 기다린 다음 피스톤을 누른다.
⑥ 추출액을 예열한 잔에 붓는다. 커피 찌꺼기를 감안하여 약 150ml 정도만 따르도록 한다.

5 핸드 드립

핸드 드립 이브릭에 커피가루와 물을 넣고 달여서 먹는 진하고 텁텁한 터키식 커피가 유럽에 상륙하였을 당시, 초기에는 그대로 음용되었으나 좀 더 깔끔한 커피, 즉 가루는 분리해 내고 커피 액만을 마시기 원하는 유럽인들에 의해 새로운 추출기구들이 발명되었다. 그렇게 개발된 것 중 하나가 핸드 드립 방식이다.

핸드 드립은 여과 필터에 분쇄한 원두를 넣고 뜨거운 물을 주입하여 커피 액을 추출해 내는 방식이다. 처음 사용된 여과 필터는 융(천의 일종, flannel)이었다고 한다. 융은 보관하고 관리하는 데 어려움이 따라서 후에 종이 필터가 개발되었는데, 현재도 가장 보편적으로 사용되고 있다.

핸드 드립 방식은 커피 고유의 향과 맛을 그대로 느낄 수 있다는 장점이 있기는 하나, 5~8분가량 소요된다. 따라서 커피를 빠른 시간 내에 대량으로 판매하고자 했던 유럽의 카페들은 좀 더 혁신적인 커피 추출기구를 원하게 되었고, 이와 같은 요구에 힘입어 출연한 것이 에스프레소 머신이다.

한편 핸드 드립 방식은 일본으로 건너가 크게 발전하게 되었다.

많은 일본의 가정에서 핸드 드립 방식으로 커피를 추출하면서 다양한 여과 필터들이 개발되었다. 또한 핸드 드립 방식으로만 추출한 커피를 판매하는 커피숍들이 많아졌다. 현재는 그 역사가 50년 이상 된 곳도 있으며, 커피숍 운영자들에 의해 얻은 추출 노하우를 공개하는 서적들을 쉽게 찾아볼 수 있다. 그런데 이 추출기법이라는 것은 학문적 이론이나 정설이 있는 것이 아니다. 반복하여 추출하면서 얻은 자기만의 경험치이다. 따라서 커피숍마다 사용하는 드리퍼와 추출하는 방법이 다르다. 먼저 핸드 드립 방식으로 커피를 추출하기 위해서는 다음과 같은 도구들이 필요하다.

1. 원두 분쇄도구

1) 절구

커피 추출 시에는 보통 분쇄된 원두를
사용한다. 과거에는 절구에 원두 알을 넣
고 빻아서 분쇄하였고, 아프리카의 여러
나라에서는 아직도 그 방법을 사용하고 있
다고 한다.

절구에 원두 알을 넣어 분쇄하는 모습

2) 전동 그라인더

현재 대부분은 전동 그라인더를 사용하
고 있고, 판매 회사에 따라 종류도 다양하
다. 전동 그라인더의 장점은 기계 내부의
정기적인 청결 관리에 신경 쓰면서 관리한
다면 항상 커피를 고르게 분쇄할 수 있다
는 것이다.

3) 핸드 밀

핸드 밀의 경우, 장식용으로 쓸 수 있다
는 것과 가격이 저렴하다는 장점이 있으
나, 고른 입도를 유지한다는 것은 기대하
기 어렵다.

전동 그라인더

4) 원두 분쇄 시 주의사항

(1) 분쇄입도

커피를 분쇄하는 이유는 다음과 같다.

커피를 잘게 부수면 표면적이 넓어져서 물이 원두가루를 쉽게 통과하게 되고, 커피가 가지고 있는 고유의 성분들을 비교적 용이하게 추출할 수 있다.

그렇다면 어느 정도의 입도(굵기)로 분쇄하는 것이 바람직할까?

같은 입도로 분쇄하는 것이 아니라 각각의 추출기구 특성에 맞게 입도를 달리해야 한다. 일반적으로 핸드 드립의 경우는 0.5~0.1mm, 에스프레소 머신은 0.3mm 이하, 사이펀은 0.5mm, 프렌치 프레스는 1.0mm 이상이다.

(2) 분쇄입도와 시간

'굵게 분쇄한 커피의 추출시간은 길게, 가늘게 분쇄한 커피는 짧게 해야 한다.'

분쇄 입도가 추출기구마다 다른 이유는 이 때문이다. 다시 말해, 굵게 분쇄된 커피는 입도가 굵으므로 커피성분이 추출되는 시간이 길 수밖에 없다. 반면 가는 커피는 어떨까? 표면적이 넓어 쉽게 추출된다. 다시 말해, 짧은 시간에도 고유의 성분이 충분히 추출될 수 있다는 뜻이다. 그런데 가늘게 분쇄한 커피를 오랜 시간 추출해 보자. 당연히 쓴맛과 떫은맛이 과다하게 추출되어 텁텁한 커피가 된다.

에스프레소 머신으로 1인분의 커피를 추출할 경우 약 25~30초, 한편 핸드 드립은 약 3분 정도가 소요된다. 에스프레소 머신으로 추출 시 굵은 입도의 원두를 사용한다면 30초 내에 커피성분을 원하는 만큼 우려내기 힘들다. 강한 압력을 가함에도 불구하고 말이다.

반면 핸드 드립의 경우, 밀가루 정도로 가는 굵기의 원두를 사용하면 진흙에 물을 붓는 것과 같은 현상이 나타난다. 추출과정이 힘들 뿐 아니라, 추출도 잘 되지 않고, 시간도 오래 걸려, 쓴맛만 강하고 텁텁한 커피가 된다. 따라서 분쇄 입도는 시간과 커피 맛에 지대한 영향을 미친다.

(3) 입도의 고르기

분쇄 입도가 고를수록 가용성 성분이 빠르게 추출되어, 맛과 향기가 신선하고, 떫고 쓴맛이 덜 추출된다. 입도가 너무 작거나 고르지 않으면 물이 커피층을 통과하는 데 시간이 오래 걸려 추출속도가 늦어지고, 쓴맛이 많이 추출된다.

⑷ 추출 직전 분쇄

가능하다면 추출 직전에 원두를 분쇄하는 것이 좋다. 미리 원두를 갈아 놓으면 향기성분이 날아가기 때문이다. 사실 로스팅한 직후부터 커피의 향은 날아간다. 그러나 분쇄한 커피와 분쇄하지 않은 커피를 비교해 보면, 분쇄한 커피의 표면적이 더 크므로 쉽게 향기가 날아감을 알 수 있다. 따라서 커피 고유의 신선한 향을 즐기고 싶다면 추출 직전에 분쇄하도록 하자.

2. 드립 포트(Drip pot)

드립 포트란 주전자로 분쇄 원두에 '어떻게 물줄기를 주입하는가'에 따라 커피 맛이 많이 달라진다. 다시 말해, 분쇄된 원두에 물을 균일하게 적셔주어야 가용성 성분이 잘 용해되어 균형된 맛을 이룬다는 뜻이다. 만약 한쪽으로만 치우쳐서 너무 많은 물을 주입한다든지 또는 아예 물이 주입되지 못하는 부분이 발생한다면 커피 맛이 약하고 균형감이 상실된다.

그런데 일반적으로 드립 전용 주전자는 물의 배출구 부분이 좁고 길어 사용자가 물줄기를 조절하기에 용이하다. 일반 주전자도 사용할 수는 있으나 물 배출구 부분이 뭉뚝하고 굵으므로 물줄기를 조절하기가 힘들다. 따라서 되도록 전용 주전자를 사용하는 편이 바람직하다.

제조회사에 따라 주전자의 모양과 크기가 다양하고 재질도 조금씩 다르나, 장단점을 잘 파악하여 사용자 손에 익을 수 있도록 여러 번 연습하는 것이 필요하다.

3. 드리퍼(Dripper)

드리퍼는 원두를 여과해 내는 도구로서, 과거에는 융 드리퍼가 사용되었으나 현재는 페이퍼 드리퍼가 주로 사용된다.

'융'은 플란넬(flannel)이라는 천의 일종이다. 융 드리퍼의 장점은 추출 시 커피의 지방성분을 흡착하지 않아 강한 바디감을 느낄 수 있도록 한다는 것이다. 그러나 사용 후에는 항상 삶은 뒤 찬물에 보관해야 하는 어려움이 있으므로 현재는 많이 사용되지 않고 있다.

이와 같은 불편함 때문에 개발된 것이 페이퍼 드리퍼이다. 융은 손잡이를 잡고 추출해야 하는 단점이 있으므로, 일반적으로 전용 삼발이를 사용하기도 한다. 페이퍼 드리퍼는 플라스틱, 도기, 금속 등 재질이 다양한데, 가장 보편적으로 사용되는 것은 플라스틱이다. 도기와 금속은 추출 시 온도를 유지할 수 있다는 장점이 있으나, 플라스틱보다는 고가(高價)이다.

커피양을 얼마만큼 추출할 것인가에 따라 1~2인용, 3~4인용, 5~8인용 등 크기도 다양하다. 우리나라에서 일반적으로 사용되는 것들은 멜리타, 칼리타, 고노이다.

1) 멜리타(Melitta)

멜리타의 경우는 독일인 멜리타(Melitta) 여사가 처음 발명한 것으로, 드리퍼 안에 커피가 추출되는 구멍이 1개이다. 바닥은 약간의 경사가 있고, 립(rib: 공기가 잘 빠지도록 줄 모양으로 생긴 홈)의 길이는 짧다.

2) 칼리타(Kalita)

칼리타(Kalita)는 멜리타의 단점을 보완하여 일본에서 개발된 것으로 추출구는 3개이고 바닥은 수평이며 립은 드리퍼 끝까지 올라와 있다. 추출시간은 멜리타에 비해 빠르다.

3) 고노(Kono)

고노는 융 드리퍼의 모양을 본떠서 만든 것으로, 추출되는 구멍은 1개이며, 크기가 크고 추출되는 속도도 빠르다. 한편 다른 드리퍼에 비해 좀 더 부드러운 맛의 커피를 추출할 수 있다.

4) 하리오(Hario)

4. 여과지(종이 필터)

드리퍼의 모양과 크기에 따라 전용 여과지도 각기 다르다.

재질에 따라서는 누런색의 천연펄프 여과지와 흰색의 표백 여과지가 있다. 과거 미국에서 여과지를 표백시키는 표백용 염소가 펄프 성분과 결합하여 다이옥신을 만들어 낸다는 발표가 있었다. 그 후 표백 여과지의 소비는 급격히 줄고 천연펄프 여과지는 급증하였다. 인체에는 무해하다는 결과가 나오기는 했으나, 천연펄프 여과지로 추출 시 펄프 맛이 난다는 부정적인 면이 있음에도 불구하고 많이 사용되고 있다.

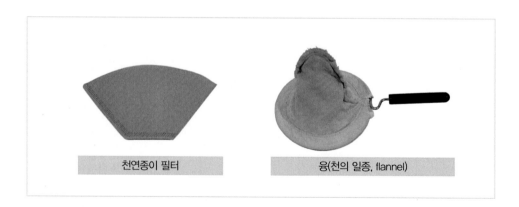

천연종이 필터   융(천의 일종, flannel)

5. 서버(Server)

서버란 드리퍼 밑에 놓고 추출된 커피 액을 받아내는 용기이다. 커피숍의 경우 추출되는 양을 측정할 수 있도록 눈금이 있는 용기를 주로 사용한다. 그러나 가정에서는 컵에 직접 추출액을 받는 것도 무방하다. 전용 용기는 유리, 플라스틱 등으로 재질이 다양하다.

6. 온도계

핸드 드립 시 고려해야 할 중요한 요인 중 하나가 물의 온도이다.

같은 원두를 사용할 경우 물의 온도가 낮으면 신맛과 떫은맛이 강해지고, 높으면 쓴맛과 날카로운 맛이 강해진다. 따라서 물의 온도는 로스팅 정도를 고려하여 조절하는 것이 바람직한데, 일반적으로 약배전 89~92℃, 중배전은 85`~88℃, 강배전은 80~84℃ 정도가 적합하다. 한편 추출 직전의 물의 온도와 추출되어 나온 커피 액의 온도를 비교해 보면 15~18℃의 차이가 있음을 알 수 있다. 예를 들어, 90℃의 물로 추출했다고 한다면, 마시기 직전 커피의 온도는 약 72~75℃ 정도가 된다는 뜻이다. 따라서 약 15~18℃의 차이를 감안하고 추출온도를 잡도록 한다.

7. 스탑워치(Stop watch)

스탑워치는 커피 추출시간 측정에 사용된다. 바람직한 추출시간은 2인분 이하일 경우 3분 이내, 5인분은 5분 이내이다.

단시간에 추출한 커피는 균형감이 상실되고, 시간이 길어지면 쓰고 텁텁한 커피가 된다. 균형감이 없다는 뜻은 단맛, 새콤한 맛, 쓴맛 등이 조화를 이루지 못하고, 농도도 약하며, 가벼운 커피가 된다는 것이다. 앞에서 언급한 바와 같이 향기성분, 달콤한 맛, 새콤한 맛 등을 내는 성분들은 먼저 추출되고, 쓴맛, 떫은맛을 내는 성분들은 나중에 추출된다.

그렇다면 맛있는 성분만을 추출하기 위해 주전자로 물줄기를 굵게 하고 단시간에 추출하면 어떤 결과가 나올까? 원하는 대로 맛있는 커피가 될까?

실질적으로 추출해서 마셨을 때 쉽게 느낄 수 있는 사실은 맛있는 성분만을 추출했음에도 불구하고 균형감이 없는 커피가 된다는 것이다.

일반적으로는 맛있는 성분만이 커피의 맛을 향상시킨다고 생각할 수 있겠으나, 맛있는 성분과 쓴맛, 떫은맛 등이 잘 조화를 이루어야 좋은 커피를 만들 수 있다. 한편 추출시간이 길어져 쓴맛, 떫은맛 등이 너무 과하게 추출되면 텁텁한 커피가 되어버린다.

추출시간을 잘 조절하는 것은 커피 맛과 농도에 중요한 영향을 미친다.

8. 계량스푼

계량스푼은 커피의 정확한 양을 측정하기 위해 사용된다. 한 잔의 커피를 위해서는 보통 원두 10g을 사용하여 150ml의 커피를 추출한다. 그러나 원칙이 정해진 것은 아니고 얼마든지 조절할 수 있다. 예를 들면, 10g의 원두를 사용하여 200ml의 커피와 100ml의 커피를 각각 추출했다고 가정해 보자. 전자의 경우 농도가 약하고 부드러운 커피가 추출될 것이고, 후자의 경우는 진하고 풍부한 커피가 추출될 것이다. 마시

는 사람의 기호에 따라 전자의 커피를 좋아하는 사람, 후자의 커피를 좋아하는 사람이 다를 것이다. 따라서 '어떤 비율로 추출할 것인가?' 하는 것은 추출하는 사람의 선택이다. 중요한 것은 여러 번 추출하여 자신의 입맛에 맞는 '사용 원두량과 추출량'을 찾아내는 것이다.

9. 추출과정

앞에서 설명한 바와 같이, 드리퍼의 종류는 다양하다. 또한 같은 드리퍼를 사용한다 하더라도 추출하는 사람에 따라 방법도 여러 가지이다.

1) 칼리타를 이용하여 약 10g의 커피로 150ml의 커피를 추출하는 방법

① 드리퍼에 종이 필터를 끼우기

② 원두를 분쇄하여 드리퍼에 붓기

분쇄한 원두가 평평하게 되도록 드리퍼를 살짝 쳐준다. 물을 균일하게 주입하기 위해서는 표면이 고른 상태를 유지해야 하기 때문이다.

③ 물을 끓여 드립 포트에 붓기

'몇 잔을 추출할 것인가'에 따라 사용해야 하는 드립 포트의 크기와 물의 양이 달라진다. 여러 잔을 추출하려 한다면 당연히 용량이 큰 드립 포트와 많은 물이 필요하다.

포트에는 물을 8부 정도 채운 후 추출하는 것이 바람직하다. 반 정도만 채우고 추출하게 되면 추출 도중 물줄기가 갑자기 끊어지기도 하고 너무 많이 나오기도 하는 등 조절이 잘 되지 않기 때문이다.

따라서 비록 한 잔을 추출한다 하더라도 최소한 8부 정도의 물을 붓도록 한다.

④ 추출하고자 하는 온도로 물의 온도를 낮추기

먼저 드립 포트에 온도계를 꽂는다. 다음 뜨거운 물은 서버로 옮겨 붓고 서버에서 드립 포트로, 드립 포트에서 다시 서버로 몇 차례 반복하여 원하는 추출온도를 맞춘다.

이런 과정을 거치는 것은 물론 물의 온도를 낮추기 위해서이기도 하나 서버를 예열하기 위한 목적도 있다. 드리퍼에서 추출되는 뜨거운 커피 추출액이 차가운 서버에 떨어졌다고 생각해 보자. 약 2~3℃ 정도의 온도가 더 내려가게 되는데, 온도 자체만을 놓고 봐서는 큰 차이가 아니겠지만, 맛에 있어서는 민감하게 영향을 줄 수 있다.

⑤ 뜸들이기

본격적인 추출에 앞서 소량의 물을 주입하여 커피가루에 뜸을 들이는 단계이다.

뜸들이기의 목적은 다음과 같다. 첫째, 추출 전 커피가루를 충분히 불려 커피가 가지고 있는 고유의 성분을 원활하게 추출할 수 있도록 한다. 둘째, 커피 내의 탄산가스와 공기를 빼내어 물이 용이하게 흐를 수 있는 길을 만들어준다.

그렇다면 얼마만큼의 물을, 어떤 방식으로 부어주어야 하는 것일까?

몇 가지 방법이 있는데, 점법, 8점법, 나선형법 등이 대표적이다.

⑥ 추출

뜸을 들였다면 본격적으로 추출에 들어가자. 추출은 약 4회로 나누어 하는 것이 바람직하다. 1차 추출이 들어가는 시점은 탄산가스에 의해 부풀었던 커피가루가 평평하게 되는 시점이다. 평평하게 되기까지 소요되는 시간은 약 20~30초 정도이다. 그러나 이것은 신선한 커피일 경우이며, 커피의 신선도, 로스팅된 정도에 따라 달라지므로 정확히 단정짓기는 어렵다. 오래된 커피는 부풀지 않으므로 뜸을 들인 후 바로 추출에 들어가도록 하며, 많은 양의 물을 한꺼번에 붓지 않도록 한다.

추출에도 여러 방법이 있으나, 칼리타의 경우는 나선형 방식으로 추출하는 것이 보편적이다.

주전자의 높이는 최대한 낮게 한다. 물은 골고루 부어야 하며, 면적은 되도록 넓게 한다.

또한 커피가루에만 부어야 하며, 종이 필터에 물이 직접 닿지 않도록 주의한다. 1차 추출이 끝나고 커피가루가 다시 평평해지면 2차 추출에 들어가며, 3차와 4차도 같은 방법으로 한다.

2) 뜸들이는 법

점법, 8점법, 나선형법 등 어떤 방법이든지 주의할 점은, 물을 커피가루에 얹어준다는 기분으로 주입해야 한다는 것이다.

① 점법

점법은 커피가루 전체에 골고루 물을 한 방울씩 떨어뜨려 뜸을 들이는 식이다. 물을 커피가루 위에 점을 찍듯이 붓는다. 여러 차례 나누어 부으며, 골고루 적셔질 수 있도록 한다.

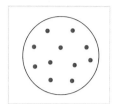

② 8점법

8점법은 중심을 기점으로 소량의 물을 8회에 나누어 부어 뜸을 들이는 방식이다. 드리퍼의 중심을 기점으로 8회에 나누어 물을 붓되, 한쪽으로 치우치지 않도록 주의한다.

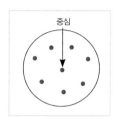

③ 나선형법

나선형법은 드리퍼의 중심에서 시작하여 바깥쪽으로 '나선형'을 그리며 물줄기를 필터에 붓는다. 물줄기가 종이 필터에까지 닿게 되면 종이 맛이 우러날 수 있으므로 주의한다.

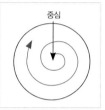

④ 뜸들일 때 주입하는 물의 양

주입 후 드리퍼에서 추출액이 '몇 방울만 똑똑' 떨어질 정도로 붓는다. 사용하는 원두의 양이 많으면 주입하는 물의 양도 많아지고, 적으면 주입하는 물의 양도 적어진다.

단, 주입하는 물의 양은 추출한 커피 액의 10%를 넘지 않도록 한다.

물을 너무 많이 주입한 경우에는 드리퍼를 통해 주르르 흘러나오게 되는데, 이것은 뜸이라기보다 추출이 바로 시작되었다고 할 수 있다. 이 같은 경우를 '과다 뜸'이라 부른다. 한편 적게 주입한 경우는 커피가루를 충분히 적시지 못하게 되는데 '과소 뜸'이라고 한다. 두 가지 모두 바람직하지 않다. 커피가루를 불려주는 과정이 불완전하므로 커피성분이 충분히 우러나오기 힘들기 때문이다.

뜸을 들이면 나타나는 현상은 신선한 커피의 경우는 많이 부풀어오르고, 오래된 커피의 경우는 전혀 변화가 없다는 것이다. 이유는 탄산가스 때문이다. 따라서 신선하면 신선할수록 탄산가스를 많이 함유하고 있어 그것에 의해 부풀어오르는 것이다.

10. 추출방식

1) 나선형

① 드리퍼의 중심에서부터 시작하여 바깥쪽으로 나선형을 그리며 물을 붓는다(초록선).

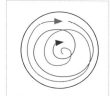

② 바깥쪽까지 나갔다면, 다시 나선형을 유지하면서 중심을 향해 물을 붓다가 멈춘다(빨간선).

③ 원하는 양의 커피를 얻을 때까지 4회로 나누어 추출한다. 앞에서 언급한 바와 같이, 종이 필터까지 적시면 종이의 맛이 묻어날 수 있으므로 주의한다.

2) 스프링

① 드리퍼의 중심을 기점으로 스프링 모양을 유지하면서 시계방향으로 추출한다.

② 역시 원하는 커피 양을 얻을 때까지 약 4회로 나누어 추출한다.

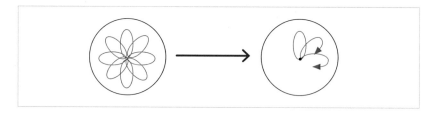

3) 동전식

① 드리퍼의 중심에서 시작하여 500원짜리 동전의 넓이를 유지하면서 지속적으로 물을 붓는다.

② 약 4회에 걸쳐 추출하는데, 1회당 약 5번 정도 주전자를 회전하면서 물을 주입한다.

4) 점식

① 드리퍼의 주심에만 지속적으로 물을 주입하는 방식이다. 물을 붓는 것이 아니라, 한 방울씩 떨어뜨리며 주입하는 형태를 취한다. 원하는 커피 양을 추출하기 위해 오랜 시간이 걸린다는 단점이 있으나, 강한 바디감을 느낄 수 있다.

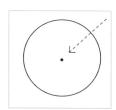

6 에스프레소 추출

1. 바리스타(Barista)

바리스타는 이태리어로 '바(Bar) 안에 있는 사람'이라는 뜻으로 영어도 바 맨(Bar man)의 의미이다. 바리스타는 단순히 에스프레소를 추출하고 제조하는 능력만을 소유한 사람이 아니다. 완벽한 에스프레소의 추출과 좋은 원두의 선택, 커피머신의 완벽한 활용, 고객의 입맛에 최대한 만족을 주기 위한 능력을 겸비해야 한다.

2. 에스프레소의 정의

에스프레소는 'espresso'라는 단어가 의미하듯 빠르게 추출하는 커피를 말한다. 에스프레소는 30초 안에 커피의 모든 맛을 추출하며 중력의 8~10배의 압력을 가하므로 수용성 성분 외에 비수용성 성분도 함께 추출된다.

요소	내용	요소	내용
커피양	7 ± 1.0g (#6.5 ± 1.5g)	추출 압력	9 ± 1bar
추출시간	25 ± 5초 (#30 ± 5초)	물의 온도	90~95℃ (#90 ± 5℃)
추출량	25 ± 5cc	pH	5.2

(#은 이태리 기준이며 에스프레소의 기본은 지역에 따라 상이할 수 있다.)

에스프레소의 물리적 특성

	굴절률	표면장력	pH	전기전도도	점도	밀도
변화	증가	감소	감소	증가	증가	증가

에스프레소는 가용성 고형성분과 불용성 커피오일이 추출되어 커피 추출액에 함유되어 있어 이에 따라 순수한 물과 비교했을 때 물리적 특성들이 다른 양상을 보이게 된다.

3. 에스프레소의 탄생

에스프레소는 이탈리어어로 '빠르게'라는 뜻을 지니고 있다.

에스프레소 기계를 통하여 추출된 커피를 말하며, 이것은 커피의 종류나 블렌딩, 볶는 온도 등에 의해서 결정되는 것이 아닌 '추출 메커니즘'에 의해서 결정되는 것이다. 즉 6~7g의 커피를 20~30초 동안 적당한 압력(7~9bar)과 적당한 온도(88~95℃)로 추출한 커피를 '에스프레소'라 부른다.

카페인의 함유량은 매우 낮으며, 에스프레소 잔에 20~35ml, 두께 3~4mm의 크림 거품이 표면에 남김없이 펼쳐진다. 마시면 농후한 맛이 있고 초콜릿을 연상시키는 지속성이 있는 향이 있으며, 쓴맛과 신맛의 균형이 좋아 여운 있는 뒷맛이 20분 이상 지속된다.

에스프레소는 이탈리가 원산지로, 빠른 속도로 전파되어 유럽 내의 모든 라틴 국가들에서도 잘 알려진 상품이 되었다. 이미 다른 국가들의 시장에서도 최고의 인기를 얻게 되었고, 이탈리아 문명의 대명사가 되어버렸으며, 그 특성 또한 세계의 이목을 집중시키고 있다. 에스프레소의 성공은 커피를 준비하는 과정의 즐거움과 전문성에 관한 흥미로움 때문일 것이다.

증기압을 이용한 에소프레소 커피기계는 산타이스(Edorard Loysel de Santais)에 의해 개발되어 1855년 파리 만국박람회에서 선보이게 된다. 그 후 1901년 이태리 밀라노의 루이지 베제라(Luigi Bezzera)는 증기압을 이용하여 커피를 추출하는 에스프레소 머신의 특허를 출원하였다. 1947년 가지아(Gaggia)는 스프링으로 동력이 전달되는 피스톤 방식의 머신을 특허받았으며 이로 인해 커피가루를 더 미세하게 분쇄할 수 있게 되었으며, 크레마(Crema)의 생성을 가능하게 하였다.

4. 에스프레소 추출

1) 에스프레소 추출의 특징

필터에 담긴 커피 케이크(Coffee cake)를 고압의 물이 통과하면서 향미성분을 용해시키며, 분쇄입도와 압축 정도에 따라 공극률(Porosity)이 변하고 추출속도가 조절된다. 다른 추출방법과 달리 미세한 섬유소와 불용성 커피오일(Insoluble Coffee Oil)이 유화상태(Emulsification)로 함께 추출된다.

2) 에스프레소 잔(Demitasse)

에스프레소를 마시는 잔을 데미타세(Demitasse)라고 부르는데 용량은 60~70ml (약 2oz) 정도로 용량이 일반 컵의 반 정도라는 의미이다. 재질은 도기이고 일반 컵에 비해 두꺼워 커피가 빨리 식지 않도록 하였으며 안쪽은 둥근 U자 형태로 에스프레소를 직접 받을 때 튀어나가지 않도록 설계되어 있다. 외부 컬러는 다양하나 안쪽 색깔은 통상 백색이다.

3) 에스프레소 추출결과

에스프레소는 짧은 시간에 추출되므로 분쇄도, 탬핑 강도, 커피양, 물의 온도 등의 추출요소에 의해 아주 민감한 결과를 가져오는데 커피성분이 너무 적게 추출되거나 그 반대로 커피성분이 너무 많이 나오게 되면 커피가 너무 싱겁거나 불쾌한 맛이 나므로 항상 추출이 적정범위 안에서 이루어지도록 해야 한다.

	과소추출 (under extraction)	과다추출 (over extraction)
입자의 크기	분쇄입자가 너무 굵다. 분쇄입자가 너무 가늘다.	커피 사용량 기본보다 적은 커피를 사용 기준 양보다 많은 커피를 사용
물의 온도	기준보다 낮은 경우	기준보다 높은 경우
추출시간	너무 짧은 추출시간	너무 긴 추출시간
바스켓 필터	구멍이 너무 큰 경우	구멍이 막힌 경우

5. 에스프레소의 4대 조건(4M)

에스프레소 맛을 결정하는 4가지 조건을 이탈리아어로 시작되는 첫 글자를 따서 '4M'이라 부른다.

1) 블렌딩(Miscela)

첫째는 블렌딩이다. 조화로운 맛과 풍부한 향, 감칠맛 등을 얻기 위해 여러 나라에서 재배된 커피를 혼합하는 공정을 말하며, 이것은 에스프레소의 맛을 결정하는 가장 중요한 요소이다.

2) 그라인더(Macinadosatori)

(1) 에스프레소 분쇄입도

에스프레소 추출을 위한 커피의 분쇄는 다른 추출방법과 달리 분쇄입도가 매우 가늘어야 하며(0.3mm) 일반적으로 '밀가루보다 굵게 설탕보다 가늘게'라는 표현을 많이 사용한다. 에스프레소 커피는 입자의 표면적이 원두(Whole bean)에 비해 극도로 넓어 쉽게 산패되므로 추출 시 분쇄를 해야 한다.

(2) 그라인더 청소방법

원두에는 오일성분이 많다. 따라서 원두통(Coffee beans hopper)과 도저(Doser)에 오일이 낄 수 있으므로, 청소를 잘 해주어야 맛있는 커피를 추출할 수 있다.

먼저 원두통이다.

원두통은 원두를 보관하는 곳이므로 오일에 가장 먼저 노출된다. 따라서 1주일에 1회 이상 세제를 이용해서 잘 닦아주는 것이 좋다.

다음은 분쇄한 커피를 보관하는 도저이다. 필터홀더(filter holder)로 바로 이어지므로 청결을 유지하는 것은 매우 중요하다.

도저 칸막이는 1칸이 1잔, 즉 분쇄 원두 6~7g이

그라인더(Macinadosatori)

계량되는데, 찌꺼기가 쌓일수록 그 양은 줄어들고 추출속도는 빨라지게 된다. 바리스타가 이러한 사항을 숙지하고 있지 않을 경우, 분쇄 입도만 계속 곱게 갈기 때문에 커피 맛이 떨어지게 된다. 또한 도저 칸막이도 에스프레소 맛에 결정적인 영향을 주므로, 1주일에 1회 이상 청소해 주는 것이 좋다.

한편 도저 케이스(Doser case)는 맛에도 영향을 미치지만 시각적으로 지저분하게 보이므로 깨끗하게 유지해야 한다.

분쇄 날은 원두를 커팅하는 부분이므로 부드러운 솔로 청소를 해야 하며, 흠이 생기지 않도록 주의한다. 찌꺼기가 많이 쌓이면 분쇄 시 같이 갈려 나올 수 있기 때문이다.

3) 커피기계(Macchina)

① 전원 스위치(ON/OFF)
② 컵 워머
③ 온수 추출 스위치
④ 작동 스위치
⑤ 스팀 레버
⑥ 스팀 노즐
⑦ 온수 추출구
⑧ 그룹 헤드
⑨ 보일러 압력 게이지
⑩ 워터 레벨 게이지
⑪⑫ 포타필터
⑬ 펌프 압력 게이지
⑭⑮ 배수구

에스프레소 머신의 외부 명칭

(1) 머신의 종류

종류	특성
수동식 머신 (Manual espresso machine)	사람의 힘에 의해 피스톤을 작동하여 추출하는 방식
반자동 머신 (Semi-automatic espresso machine)	별도의 그라인더를 통해 분쇄한 후 탬핑을 하여 추출하는 방식으로 추출버튼이 on-off로만 되어 있고 플로우 미터(Flow meter)가 없는 것
자동 머신 (Automatic espresso machine)	탬핑작업을 하여 추출을 하나 메모리칩이 장착되어 있어 물량을 자동으로 세팅할 수 있는 방식
완전자동 머신 (Super/Fully automatic espresso machine)	그라인더가 내장되어 있어 별도의 탬핑작업 없이 메뉴버튼의 작동만으로 추출하는 머신

(2) 에스프레소 머신의 부품

부품	기능
보일러 (Boiler)	열선이 내장되어 있어 전기로 물을 가열해 온수와 스팀을 공급하는 중요한 역할을 한다. 본체는 동재질로 되어 있으며 내부는 부식을 방지하기 위해 니켈로 도금되어 있다.
그룹헤드 (Group head)	에스프레소 추출을 위해 물이 공급되는 부분으로 포타필터를 장착하는 곳을 말한다.
개스킷 (Garket)	추출 시 고온 고압의 물이 새지 않도록 차단하는 역할을 한다.
샤워홀더 (Shower holder, Diffuser)	그룹헤드 본체에서 한 줄기로 나온 물이 홀더를 지나면서 4~6개의 물줄기로 갈라져 필터 전체에 골고루 압력이 걸리도록 해준다.
샤워스크린 (Shower/Dispersion screen)	샤워홀더를 통과한 물을 미세한 수많은 줄기로 분사시키는 역할을 해준다.
포타필터 (Porta filter)	분쇄된 커피를 담아 그룹헤드에 장착시키는 기구를 말하며 필터홀더와 필터고정 스프링, 필터, 추출구 등으로 구성되어 있다.
펌프모터	압력을 7~9bar까지 상승시켜 주는 역할을 한다. 이상이 생기게 되면 물 공급이 제대로 되지 않아 심한 소음이 나게 되며 또한 압력이 올라가지 않게 된다.
솔레노이드 밸브 (Solenoid valve)	물의 흐름을 통제하는 부품으로 보일러에 유입되는 찬물과 보일러에서 데워진 온수의 추출을 조절하는 역할을 한다. 그룹헤드에 부착된 3극 솔레노이드 밸브는 커피 추출에 사용되는 물의 흐름을 통제한다.
플로우 미터 (Flower meter)	플로우 미터는 커피 추출 물량을 감지해 주는 부품으로 고장이 나면 커피 추출 물량이 제대로 조절되지 않게 된다.

(3) 연수기 및 정수기

연수기는 경수(센물, 미네랄 성분이 다량 함유되어 있는 지하수, 바닷가 근처의 물 등)를 연수로 만들어주는 기능을 한다. 경수를 사용하면 커피 맛도 저하되고 커피 기계 보일러에 스케일이 생성되어 열전도율이 떨어지게 되며 급수배관도 부식된다. 따라서 경수일 경우에는 반드시 연수기를 사용하도록 한다. 일반적으로 많이 사용하는 8L용 연수기를 15℃ 이하의 수돗물에서 사용할 경우 청소시기는 1,500L 정도 사용했을 때이며, 천연소금으로 청소해 주는 것이 좋다.

정수기는 물에 함유되어 있는 이물질이나 소독약 냄새 제거, 살균 등의 효과가 있다. 좋은 정수기를 사용해야 양질의 에스프레소를 얻을 수가 있으므로, 각 필터에 표기되어 있는 양을 사용했을 경우 즉시 새것으로 교환하도록 한다.

(4) 전동펌프의 압력 조절

전동펌프는 물의 압력을 에스프레소를 추출할 수 있는 7~9bar로 높여주는 역할을 한다. 펌프 헤드는 일반적으로 오른쪽에 있는 나사를 시계방향으로 돌리면서 압력이 늘어나고, 시계 반대방향으로 돌리면 압력이 줄어든다.

이때 압력은 압력 게이지를 보면서 기계를 작동시켜 놓은 상태에서 조절해야 단시간에 정확히 조절할 수 있다.

(5) 게이지 확인방법

0~15까지의 숫자로 구성된 펌프 모터 압력 게이지이다. 에스프레소 추출 시 펌프 모터에 가해지는 압력을 표시하는데 기계가 작동할 때 표시되는 수치가 정확한 수치이다.

0~3까지의 숫자로 구성된 것은 보일러 압력 게이지이다. 보일러에서 생성된 스팀 압력을 표시하며 기계가 가동된 상태에서는 1~1.5bar를 항상 유지하고 있어야 한다.

(6) 스팀 노즐 관리

스팀 노즐은 우유를 스팀한 후 밸브를 열어주고 나서 닦는 것이 바람직하다. 스팀 파이프 안쪽에 우유 찌꺼기가 쌓여 굳으면 악취가 날 수 있으므로, 일주일에 한 번 정도는 풀어서 청소하도록 하자.

(7) 필터 홀더(filter holder) 관리

필터홀더는 에스프레소를 최종적으로 만드는 곳이다. 따라서 온도가 내려가지 않도록 뜨겁게 유지하는 것이 중요하므로, 항상 그룹에 결합된 상태에서 대기시킨다.

필터홀더

(8) 필터홀더 청소방법

① 필터홀더 일일 청소

필터홀더를 분리해서 부드러운 수세미로 닦아준다.

② 세제를 이용한 필터홀더 청소

필터홀더는 에스프레소를 최종적으로 만드는 곳이므로 항상 청결히 유지해야 한다. 더운물에 세제를 희석한 다음 필터홀더를 넣어두었다가 일정 시간 경과 후 물로 깨끗이 씻어준다. 보통 주 1회 정도 하는 것이 바람직하다.

③ 1잔 필터와 2잔 필터

1잔 필터와 2잔 필터는 추출 시 같은 맛이 나올 수 없다. 왜냐하면 1잔 필터는 분쇄원두 7g, 2잔은 14g이 투입되는데, 가해지는 압력은 7~9bar로 동일하기 때문이다. 해결할 수 있는 방법은 오로지 온도로 2잔 필터보다 1잔 필터의 온도를 5℃ 정도 높이면 맛이 비슷해진다. 한편 필터는 구멍이 커지면 추출이 제대로 이루어지지 않을 수 있으므로 1년 정도 사용 후에 교환하도록 한다.

④ 필터홀더 고정 링

필터홀더 고정 링은 1잔 또는 2잔 필터를 고정시키는 역할을 한다. 필터가 잘 빠질 경우에는 링을 약간 구부려서 끼운다.

⑤ 일일 그룹 청소하기

필터홀더에 청소용 필터를 결합하고 연속 추출버튼을 작동시킨 다음 결합했다 빼는 것을 반복한다. 펌프 압에 의해 물이 그룹 위로 올라가 샤워 필터 주위와 그룹 오링이 청소된다. 이 동작을 10회 반복하고 나서 약 5초 정도 필터홀더를 결합한 상태에서 대기 후 작동을 멈춘다. 그러면 솔레노이드 밸브 배수 쪽에 연결된 관도 압에 의해 청소가 된다. 모든 과정 종료 후 마른행주로 샤워 필터와 주위를 깨끗이 닦아준다.

⑥ 필터홀더에 세제 담고 청소하기

필터홀더에 세제 1스푼을 담고 그룹에 결합한다. 연속 추출 버튼을 누른 후 약 3~5초 경과되면 작동을 종료한다. 세제가 녹으면서 그룹에 있는 찌꺼기를 녹여 배수로 떨어지게 하는데, 그 결과 그룹과 솔레노이드, 그 뒤의 관까지 청소가 가능해진다. 이 상태에서 일정 시간 경과 후 출구 쪽에서 세제가 떨어지는 것이 보이지 않게 되면 다시 추출 버튼을 2초간 작동시켜 물을 공급한다. 이 과정을 연속적으로 반복한다. 출구에서 떨어지는 세제의 색깔이 하얗게 변하면 그룹에 있는 찌꺼기가 모두 제거된 것이다. 그 다음 일일 그룹 청소방법을 반복해 주면 청소가 끝난다. 그룹, 솔레노이드 밸브, 출구관까지 청소할 수 있으나 장시간이 소요된다는 단점도 있다. 1주일에 1회 정도 실시하는 것이 좋다.

⑦ 그룹 분해 세제 청소하기

샤워 필터 고정 나사가 잘 분리되지 않을 경우, 망치로 2~3회 약하게 두드린 후 분리하도록 한다. 샤워 필터는 1주일에 1회 이상 청소하면 잘 분리된다. 그룹은 뜨거운 물에 세제를 희석한 다음 샤워 필터와 고정 뭉치를 넣어두었다가 청소한다. 1주일에 1회 실시하는 것이 바람직하다.

⑧ 그룹 오링 교환

추출 시 물이 새거나 포타필터 장착 시 그룹 오링에 탄력이 없다면 즉시 교환한다. 교환시기가 너무 늦어지면 잘 빠지지 않아서 어려움을 겪을 수 있기 때문이다.

그룹 오링은 추출 시 압이 새는 것을 막아 정상적인 에스프레소를 추출할 수 있도록 만들어주므로, 바리스타는 완전히 망가지기 전에 교환할 수 있도록 항상 체크해야 한다.

⑨ 보일러

구리는 열전도율이 좋기 때문에 보일러에 많이 사용되나 공기와의 접촉을 통해 부식과 곰팡이가 생길 수 있다는 단점이 있다. 따라서 구리로 된 보일러는 24시간 기계를 가동하는 편이 안전하다. 단 24시간 가동 시에는 안전에 문제가 생기지 않도록 전기와 수도를 항상 점검하도록 한다.

4) 바리스타의 '손(Mano)'

이탈리아어 'Mano'는 손이라는 뜻으로, 바리스타의 능력을 의미한다. 바리스타가 사용하고자 하는 재료와 기계에 대해 올바르게 숙지해야 원하는 맛의 에스프레소를 추출할 수 있다.

(1) 에스프레소의 종류

에스프레소는 리스트레토, 에스프레소, 룽고, 도피오로 나누어진다. 리스트레토는 추출액이 20~25ml, 에스프레소는 30~35ml, 룽고는 40~45ml 정도이며, 도피오는 각 커피의 더블을 의미한다.

바리스타가 사용하고자 하는 잔과 농도에 따라 에스프레소 종류를 선택하면 되는데, 에스프레소는 모든 메뉴의 기본이므로 많은 훈련이 필요하다.

(2) 크레마(Crema)

크레마는 영어로 말하면 크림(Cream)이다.

크레마가 형성되는 원리는 물이 매우 높은 압력에 의해 커피가루를 통과하게 되고 이때 향을 담당하는 용해성 물질의 대부분과, 기름이나 콜로이드 같은 비용해성 물질까지도 빨아들이게 된다.

크레마는 에스프레소 머신이 추출 시 약 3~5초 정도 순간적으로 커피를 우려내고(infusion) 난 후 7~9bar의 압력으로 밀어낸 결과 생기는 황금색, 갈색의 크림이다.

곱게 간 원두에서 나오는 아교질과 섬세한 오일의 결합체로, 고운 입자들이 쉽게 침전되지 않고 커피 액 위에 떠 있는 상태라 할 수 있다.

커피의 숙성, 신선도, 커피의 양, 분쇄 정도, 탬핑, 물의 양, 온도, 추출시간, 추출압력, 블렌딩, 로스팅에 따라 차이가 있을 수 있다.

크레마는 단열층의 역할을 하여 커피가 빨리 식는 것을 막아주고, 향을 함유하는 지방성분이 많아 보다 풍부하고 강한 커피 향을 느낄 수 있게 해준다. 또한 그 자체가 부드럽고 상쾌한 맛, 단맛 등을 지니고 있어, 에스프레소에 있어서 매우 중요한 요소이다.

크레마가 많다고 해서 좋은 품질의 에스프레소라고 할 수는 없으나, 적거나 없는 경우 오래된 에스프레소일 가능성이 크다.

한편 크레마를 육안으로 식별할 수 있는 능력이 필요하다. 색은 로스팅, 품종(아라비카, 로부스타)에 따라 차이가 있다. 중배전의 경우는 황금색을 띠고, 강배전의 경우는 약간의 적색을 띠게 된다. 아라비카를 많이 사용하면 옅은 황금색으로 양이 적으며, 로부스타를 많이 사용하면 진한 황금색을 띠고 양이 많아진다.

일반적으로 3~4mm 정도의 크레마가 있어야 잘 추출된 에스프레소라 할 수 있다.

한편 로스팅 종료 후 시간에 따른 커피 품질의 변화를 알아야 제대로 된 크레마를 얻을 수 있다.

(3) 탬핑(tamping)

탬핑이란 필터홀더에 담긴 분쇄 커피를 다지는 행위이다.

탬핑의 강도에 따라 물의 투과시간을 다르게 할 수 있는데, 약하게 하면 빨리 투과되고 세게 하면 천천히 투과되어 더 진한 맛을 추출할 수 있다.

탬핑의 세기는 자기 몸에 맞게 하는 것이 가장 바람직하다.

한편 투입량과 분쇄 입자 크기에 따라 탬핑의 세기가 달라질 수 있는데, 투입량이 적거나 입자가 클 경우는 강한 탬핑이 유리하다.

탬핑의 세기에 따라 추출에 영향을 미친다.

(4) 탬퍼의 종류

탬퍼의 종류는 그라인더에 부착되어 있는 탬퍼, 플라스틱 탬퍼, 알루미늄 탬퍼, 스테인리스 탬퍼 등이 있다.

스테인리스 탬퍼는 무게가 있기 때문에 적은 힘으로 탬핑을 할 수 있고, 플라스틱 탬퍼나 알루미늄 탬퍼는 자가 탬핑하는 힘을 조절하며 사용할 수 있다는 장점이 있다.

바리스타는 많은 에스프레소 추출을 통해 자기만의 탬퍼를 선택하는 것이 매우 중요하다.

탬퍼

(5) 탬핑과 태핑

탬핑은 1차 탬핑과 2차 탬핑으로 나뉘며 1차, 2차 탬핑 사이에 태핑을 해주어야 한다. 첫 번째 탬핑은 살짝 다져주는 정도로 약 2~3kg의 힘으로 한다.

항상 청결하게 보관된 것을 사용하고, 탬핑 시 필터홀더에서 커피가 떨어지는 부분은 지저분한 곳에 닿지 않도록 주의한다.

1차 탬핑이 끝나면 태핑(tapping)을 하는데, 이는 필터홀더 내벽에 붙어 있는 커피가루를 떨어뜨리기 위함이다.

태핑의 세기는, 너무 약하면 가루가 떨어지지 않고, 너무 강하면 커피 표면에 균열이 일어나므로, 가루가 떨어질 정도로만 해주어야 한다.

두 번째 탬핑은 자기 몸에 맞는 힘으로 누른다. 이때 주의할 점은 수평이 되도록 탬핑을 해야 한다는 것이다. 수평이 유지되지 못할 경우 잡맛이 강한 에스프레소가 추출되는데, 기울기가 내려간 쪽에서 과다 추출이 일어나기 때문이다.

태핑모습

(6) 탬퍼를 쥐는 방법

탬퍼를 잡는 방법은 각자가 편하게 잡는 것이 좋은데, 일반적으로 엄지와 검지손가락으로 탬퍼를 잡고 누르게 되면 손목에 무리없이 어깨 힘으로 강한 탬핑을 할 수 있다.

탬퍼를 쥐고 탬핑하는 방법은 다음 사진과 같다.

6. 에스프레소 추출과정

1) 에스프레소 추출순서

	순서	내용
1	잔 점검	• 사용한 잔이 있는지, 잔이 뜨거운지 확인한다.
2	포타필터 뽑기	• 몸 쪽에서 왼쪽으로 45도 정도 돌리면 그룹헤드에서 포타필터가 분리된다.
3	물 흘려버리기	• 과열된 물을 흘려버리고 그룹 헤드 부위에 묻어 있는 찌꺼기를 청소하기 위해서 하는 동작으로 2~3초 정도면 충분
4	필터바스켓 닦기	• 물기나 찌꺼기의 유무에 관계없이 습관적으로 마른행주를 이용해 닦는다.
5	그라인더 작동	• 그라인더 거치대에 필터홀더를 올리면서 그라인더 작동
6	커피 파우더 담기	• 레버를 규칙적으로 당겨 바스켓에 커피 파우더를 담는다.
7	1차 탬핑(Tamping)	• 1차 고르게 눌러준다.
	태핑(Tapping)	• 포타필터에 평평하게 파우더가 담기도록 탬퍼의 뒷면이나 손으로 툭툭 친다.
8	2차 탬핑(Tamping)	• 2차 고르게 눌러준다.
9	가장자리 청소하기	• 개스킷과 접촉하는 면을 손으로 쓸어서 청소한다. • 넉박스 위에서 청소한다.
10	그룹에 장착하기	• 45도에서 몸 쪽으로 90도가 되도록 돌린다. • 뒤쪽을 접촉시킨 후 앞쪽으로 밀어 올리면 쉽다.
11	버튼 누르기	• 장작 후 즉시 버튼을 누른다.
12	포타필터 뽑기	• 커피 서빙이 끝난 후 첫 동작과 같게 뽑는다. • 바스켓 내부의 쿠키상태를 점검한다.
13	쿠키 버리기	• 넉박스에 부딪혀 떨어낸다.
14	물 흘려버리기	• 물 흘려버리기를 통해 찌꺼기를 제거한다.
15	필터홀더 닦기	• 필터홀더의 찌꺼기를 리넨(Linen)을 얇게 잡고 닦아낸다.
16	필터홀더 장착해 두기	• 홀더는 항상 그룹헤드에 장착시켜 두어야 온도가 유지되면서 다음 커피추출에 좋은 영향을 준다.

2) 에스레소 추출과정 순서도

① 필터홀더 뽑고 물 흘려버리기

② 필터 바스켓(홀더) 닦기

③ 그라인더 작동시켜 분쇄커피 담아 고르기

④ 1차 탬핑하기

⑤ 태핑하기

⑥ 2차 탬핑하기

⑦ 필터홀더 가장자리 청소하기

⑧ 그룹에 장착하기 전 물 흘리기: 과열방지효과

⑨ 그룹에 장착하기

⑩ 잔 놓고 버튼 누르기

⑪ 포타필터 뽑기

⑫ 쿠키 버리기

⑬ 물 흘려버리기

⑭ 필터홀더 닦기

⑮ 필터홀더 제자리 장착하기

7

라떼 아트

1. 우유 거품 만들기(Milk frothing)

우유 거품이 곱게 만들어져야 카푸치노 등을 마실 때 입에 느껴지는 감촉이 좋으며 쉽게 거품이 사라지지 않는데 이런 우유 거품을 벨벳 밀크(Velvet milk)라고 한다. 이때 사용되는 우유는 저지방 우유나 무지방 우유보다 일반 우유 즉 무조정 우유가 거품 내기에 좋으며 사용되는 우유는 냉장고에 차갑게 보관하며 스팀 피처도 차가운 것을 사용하는 것이 좋다.

1) 스팀 피처(Steam pitcher)

스팀 피처(Steam pitcher, Milk frothing pitcher)는 우유 거품을 만들거나 우유를 데울 때 필요한 도구로 스테인리스 재질을 사용한다.

(1) 우유의 양
일반적으로 우유를 담는 양은
① 350ml 피처의 경우 150ml
② 600ml 피처는 250ml
③ 900ml 피처는 350ml 정도가 적당하다.
- 150ml용은 1잔
- 600ml는 2잔
- 900ml는 4잔을 만들면 좋은 카푸치노를 만들 수 있다.
④ 항상 차가운 피처를 사용하고, 우유의 온도는 4~5℃가 좋다.

⑤ 차갑지 않을 경우 우유의 온도가 급격하게 상승하기 때문에 우유 거품을 내기 전에 항상 확인하고 사용하는 것이 좋다.

2. 우유 거품 내기

1) 스팀 피처(Steam pitcher)의 선택

스팀 피처는 우유 거품을 만들거나 우유를 데우는 데 사용되는 도구로 350ml, 600ml, 900ml 용량을 주로 사용한다.

우유 맛에 변화를 주지 않으면서 데워야 하므로 재질이 중요한데, 유리나 플라스틱보다는 스테인리스 제품이 좋다. 열전도율이 높기 때문에 스팅밍 시 우유가 받을 열을 스테인리스 용기가 가져감으로써 우유 데워지는 속도를 더디게 하여 고품질의 우유 거품을 만들 수 있기 때문이다.

스팀 피처(Steam pitcher)

한편 모양은 사진과 같이 아래는 넓고 위는 좁은 모양이 바람직하다. 에스프레소기계의 스팀 노즐에서 분사되는 모양과 일치해야 회전이 원활하게 일어나며, 회전이 잘 이루어져야 아주 고운 거품을 만들 수 있기 때문이다.

두께는 우유 속에 들어 있는 유지방 함량에 따라 약간씩 차이가 있다.

예를 들어, 고지방 우유를 사용하고자 할 경우 지방과 단백질이 열에 의해 분리되는 현상이 일어나므로, 두꺼운 피처를 사용하면 우유에 열이 가해지는 것을 더디게 하여 좋은 거품을 만들 수 있기 때문이다.

한편 스팀 피처는 항상 차가운 상태로 유지시켜야 좋은 품질의 거품을 얻을 수 있을 것이다.

스팀 피처의 크기는 만들고자 하는 양에 따라 선택한다.

2) 우유 거품 내는 순서

(1) 스팀 피처에 우유 담기

'스팀 피처에 우유를 얼마만큼 담을 것인가?'를 판단하는 것은 많은 경험을 필요로 한다. 일반적으로 우유 담는 양은 350ml 피처의 경우 150ml, 600ml 피처는 250ml, 900ml 피처는 350ml 정도가 적당하다. 350ml용은 1잔, 600ml는 2잔, 900ml는 4잔을 만들면 좋은 카푸치노를 만들 수 있다. 항상 차가운 피처를 사용하고, 우유의 온도는 4~5℃가 좋다.

차갑지 않을 경우 우유의 온도가 급격하게 상승하기 때문에 우유 거품을 내기 전에 항상 확인하고 사용하는 것이 좋다.

(2) 스티밍하기 전 스팀 밸브 열기

스팀 노즐에는 약간의 물이 들어 있다. 스팀 사용을 멈추면 수증기가 물로 바뀌기 때문이다. 그런데 이것을 그냥 사용하면 우유 농도를 흐리게 만들므로 스티밍하기 전에는 스팀 밸브를 열어 물을 빼주어야 우유 맛이 변화되지 않는다. 밸브를 열어주는 시간은 약 2~3초 정도이며, 행주로 스팀 노즐을 감싸고 여는 것이 좋다.

(3) 공기 주입

시작할 때 잠깐은 스팀 노즐을 깊이 담그는 것이 좋다. 공기를 넣고자 하는 양을 조절할 수 있기 때문이다.

너무 낮게 노즐을 담글 경우 강한 스팀에 의해 순간적으로 공기가 많이 주입되어 고운 거품을 얻기가 힘들기 때문이다.

스팀 밸브를 열고 난 후 스팀 피처를 서서히 아래로 내리면, 스팀 노즐팁이 우유 표면으로 드러나게 되고, 마찰에 의해 1차 우유 거품이 만들어지게 된다.

스팀 피처를 아래로 내릴 때에는 한번에 하지 않고 서서히 내려야 적은 마찰에 의해 잔 거품이 만들어진다. 또한 고운 거품을 만들기 위해 혼합시킬 때에도 용이하게 할 수 있다.

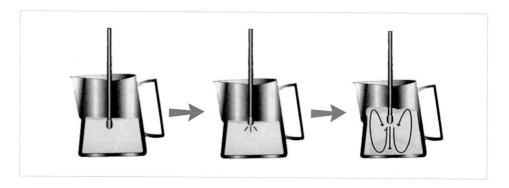

스팀 노즐에서 분사되는 스팀이 우유 표면으로 드러나면서 노즐 주위에 있는 공기를 우유 속으로 끌고 들어가게 된다.

따라서 스팀을 만들 때에는 스팀 노즐 주위에서 다른 냄새가 나지 않도록 주의해야 한다.

공기 주입은 스팀 피처에서 6~7부 정도 올라올 때까지 하며, 온도는 35℃ 이하에서 해야 좋은 거품을 얻을 수 있다.

한편 빠른 속도로 공기를 주입해야 나머지 혼합시간이 길어져 고운 거품을 얻을 수 있다.

(4) 혼합

우유 위에 형성된 잔 거품을 고운 거품으로 만들어주면서 온도를 높이는 작업이다.

고운 거품을 얻기 위한 최종단계이므로 세밀한 작업이 필요하다. 공기를 주입하기 위해서는 내렸던 피처를 다시 올려준다.

이때 주의해야 할 점은 스팀 노즐을 너무 깊게 넣으면 안 된다는 것이다. 스팀 노즐을 깊게 넣으면 우유 표면에 있는 거품을 끌고 들어가 혼합시킬 수 없기 때문이다.

따라서 스팀 노즐 팁 즉 부분만 마찰소리가 들리지 않을 정도로 담가주어야 크게 회전하여 전체를 혼합할 수 있다.

혼합하는 단계에서 생성되는 거품은 없어지지 않기 때문에 공기 주입이 끝나면 다시 공기가 주입되지 않도록 회전시킨다.

혼합이 완전히 이루어지면 양은 스팀 피처의 8~9부 정도가 되고 온도는 60~70℃까지 올라간다. 피처를 잡지 않은 반대편 손으로 피처의 7부 정도 위치에 대고 온도를 감지해 주어야 화상 없이 감지가 가능하다.

정상적으로 작업이 완료되면, 빠른 동작으로 스팀 밸브를 잠그고 나서 스팀 피처를 뺀다.

(5) 잔여 거품 없애기

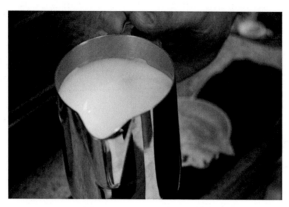

스티밍 종료 후에도 약간의 작은 거품들이 남아 있을 수 있다. 이 거품을 없애기 위해서는 스팀 피처의 바닥을 작업대 위에서 2~3회 '탕탕' 소리가 나도록 치고 크게 1~2회 회전시킨다. 단, 동작을 크게 하되 넘치지 않도록 주의한다. 이 과정을 오래 반복하면 우유는 더 담백해지나 온도가 내려가 커피와 희석했을 때 맛이 떨어질 수 있으므로 이 과정은 단시간에 종료하도록 한다. 이런 과정에 의해 만들어진 우유는 기포가 없고 고우며 응집력이 있어야 한다.

(6) 스팀 노즐 청소

스팀 노즐은 사용 후에 바로 밸브를 열어 남아 있는 우유를 제거한 다음 젖은 행주로 닦고 다시 한번 밸브를 열어 마무리한다. 이런 과정을 거치지 않으면 노즐에 우유 찌꺼기가 남아 비위생적이며, 장시간 사용에도 어려움이 따른다.

3) 우유 거품 따르기

우유 거품을 따를 때에는 적은 양으로 잔 가운데서 시작하여 5~10cm 정도까지 피처를 높인 후에 부어준다. 크레마에 변화를 주지 않고 안정시키기 위한 동작으로, 크레마가 안정되고 크레마 밑으로 우유 거품이 형성되어야 모양 만들기가 쉬워진다. 잔에 부어주는 위치는 한 곳에서만 하지 말고 좌우로 옮겨주어야 단시간에 크레마를 안정시킬 수 있다.

이 동작은 잔에 내용물이 반 정도 찰 때까지 계속하며, 잔에 반 이상이 차면 빠르게 피처를 내려 잔의 가운데서 흔들면서 양을 늘린다.

2잔 이상을 만들 경우에는 보조피처를 사용하는 것이 바람직하다. 예를 들어, 카푸치노의 경우 2잔의 거품을 동일하게 만들 수 있기 때문이다.

보조용기를 사용해서 두 번째 잔을 만들 때는 보조용기에 있는 거품을 스팀 피처에 부어준 후 다시 한번 회전시킨다. 보조용기는 항상 예열되어 있는 것을 사용해야 우유가 식지 않는다.

3. 라떼 아트의 기초

처음 잔에 우유를 따를 때는 적은 양으로 잔 가운데서 5~10cm 정도의 높이로 부어 준다. 이것은 크레마에 변화를 주지 않고 안정시키기 위한 동작이다. 크레마가 안정되고 크레마 밑으로 우유 거품이 형성되므로 라떼 아트를 만들기가 쉬워진다. 한편 잔에 부어주는 위치는 한 곳에 계속 붓지 말고 좌우로 옮겨주어야 빠른 시간에 크레마를 안정시킬 수가 있다.

이 동작은 잔에 반 정도가 찰 때까지 지속한다. 만일 잔에 우유를 떨어뜨릴 때 우유 거품이 먼저 떨어져 하얗게 될 경우 스팀 피처를 높이 올려주면 없어진다.

잔에 반 정도가 올라오면 빠르게 피처를 (잔에 닿을 때까지) 내린다. 잔 가운데서 피처를 흔들어주면서 양을 서서히 늘리면 그림이 그려지기 시작한다. 이것이 라떼 아트 그리기 기본 동작이다.

정리를 해보면 약 5~10cm 정도의 높이에서 가운데로 부어준 다음 양을 줄이면서 스팀 피처를 올려 잔에 절반 정도가 올라올 때까지 간격을 그대로 유지한다. 이 동작은 크레마가 깨지지 않게 하기 위한 동작이다. 크레마가 안정이 되고 양이 절반을 넘으면 피처가 잔에 닿을 때까지 빠르게 내려 흔들면서 서서히 양을 늘려준다. 양은 그림이 그려질 때까지 계속 늘려주면 된다. 이때 주의할 점은 양이 올라온다고 피처를 잔에서 떨어뜨려 위로 올리면 안 된다는 것이다. 그림이 그려지다가 사라질 수 있기 때문이다.

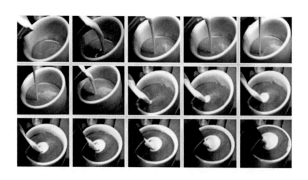

8 에스프레소 메뉴 (Variation menu)

1. 따뜻한 메뉴(Hot variation menu)

(1) 에스프레소(Espresso)

25~30ml 정도 추출하며, 에스프레소 잔에 제공된다.

(2) 도피오(Doppio)

2잔의 에스프레소(50~60ml)를 에스프레소 잔에 제공한다. 더블 에스프레소라고도 불리며, 리스트레토와 룽고, 도피오도 가능하다.

(3) 리스트레토(Ristretto)

짧게 추출한 에스프레소(20~25ml)를 에스프레소 잔에 제공한다.

(4) 룽고(Lungo)

길게 추출한 에스프레소(40~45ml)를 에스프레소 잔에 제공한다.

(5) 아메리카노(Americano)

에스프레소를 뜨거운 물에 희석한 커피로, 잔의 크기는 180~200ml 정도의 것을 사용한다.

에스프레소 콘파나	재료 및 제조 방법
	• 재료: 에소프레소, 휘핑크림 • 제조방법: 에스프레소 1oz에 휘핑크림을 얹는다.
	메뉴 설명
	진하게 쓴 에스프레소에 달콤한 휘핑크림을 얹어 쓴맛과 단맛의 조화로 깔끔하면서 강한 맛이 특징이다.

에스프레소 마키아또	재료 및 제조 방법
	• 재료 : 에스프레소, 벨벳밀크 • 제조방법: 에스프레소 1oz에 스티밍한 벨벳밀크를 올린다.
	메뉴 설명
	에스프레소에 우유 거품을 올려 먹는 음료로 에스프레소에 비해 부드러운 맛과 향이 특징이다.

카페라떼	재료 및 제조 방법
	• 재료: 에스프레소, 우유 • 제조방법: 에스프레소에 따뜻하게 데운 우유를 넣는다.
	메뉴 설명
	에스프레소와 우유가 조화를 이루는 커피로 카푸치노에 비해 우유맛이 강하고 포만감을 느낄 수 있어 아침 메뉴로 적합하다.

카푸치노	재료 및 제조 방법
	• 재료: 에스프레소, 우유, 우유 거품 • 제조방법: 에스프레소에 스티밍한 따뜻한 우유를 넣고 그 위에 우유 거품을 얹고 기호에 따라 시나몬을 뿌려준다.
	메뉴 설명
	입술에 닿는 우유 거품의 감촉이 부드럽고 카페라떼보다 우유양이 적어 느끼하기보단 담백한 우유향을 느낄 수 있다.

아메리카노	재료 및 제조 방법
	• 재료: 에스프레소, 물 • 제조방법 　연한 맛: 에스프레소 1oz + 뜨거운 물 255ml 　진한 맛: 에스프레소 1oz + 뜨거운 물 220ml
	메뉴 설명
	에스프레소와 물을 섞어 연하게 마시는 단순하지만 가장 대중적인 커피. 물을 넣기 때문에 에스프레소 특유의 진한 농도는 희석되며 전체적으로 부드러운 느낌의 커피이다.

카페 비엔나	재료 및 제조 방법
	• 재료: 에스프레소, 뜨거운 물, 휘핑크림 • 제조방법: 에스프레소 1oz에 뜨거운 물을 붓고 휘핑크림을 얹는다.
	메뉴 설명
	에스프레소에 뜨거운 물을 넣고 크림을 얹은 커피로 아메리카노로 진한 커피와 부드러운 크림의 조화를 느낄 수 있다.

캐러멜 마키아또	재료 및 제조 방법
	• 재료: 에스프레소, 바닐라 시럽, 벨벳밀크 • 제조방법: 에스프레소 1oz에 캐러멜시럽을 섞고 벨벳밀크를 넣은 후 우유 거품을 올리고 캐러멜소스로 예쁘게 장식한다.
	메뉴 설명
	쓴 커피와 부드러운 우유, 거기에 달달한 캐러멜소스까지 함께 맛볼 수 있는 커피

카페모카	재료 및 제조 방법
	• 재료: 에스프레소, 초코소스, 벨벳밀크, 휘핑크림 • 제조방법: 에스프레스 1oz에 초코소스를 섞고, 벨벳밀크를 넣은 후 휘핑크림을 얹은 뒤 초코장식으로 꾸민다.
	메뉴 설명
	초코와 커피를 같이 느낄 수 있는 커피. 쌉싸름한 커피를 마신 후 빨대를 얕게 하여 달달하고 부드러운 휘핑크림을 맛보면 그 매력에 풍덩 빠지는 느낌

에스프레소 샤케라또	재료 및 제조 방법
	• 재료 : 에스프레소 2oz, 쉐이커, 얼음 • 제조방법: 쉐이커에 얼음을 3~5개 넣은 후 에스프레소 2oz와 설탕을 넣고 흔들어준다.
	메뉴 설명
	차갑기만 한 게 아니라 쉐이커에 얼음과 함께 흔들어 거품을 충분히 만들어 마시는 메뉴로 핫 에스프레소와는 전혀 다른 에스프레소의 느낌

아이스 아메리카노	재료 및 제조 방법
	• 재료: 얼음, 에스프레소 2oz, 물 • 제조방법: 　연한 맛: 얼음에 물을 넣고 에스프레소 1oz 　진한 맛: 얼음에 물을 넣고 에스프레소 2oz
	메뉴 설명
	더운 여름 시원하게 마실 수 있는 대중적인 커피 아이스 아메리카노는 얼음이 녹으면서 연해지므로 농도를 감안해 커피양을 조절한다. 얼음과 커피가 직접 닿으면 좋지 않다. 분쇄한 얼음을 넣으면 오랫동안 시원하게 마실 수 있고, 보기에도 예쁘다.

아이스 카페라떼	재료 및 제조 방법
	• 재료: 얼음, 에스프레소 2oz, 우유 • 제조방법: 얼음에 설탕시럽을 넣고 우유를 넣은 후 에스프레소 2oz를 붓고 혼합한다.
	메뉴 설명
	핫 카페라떼에 비해 우유맛이 적게 느껴지고 커피의 맛이 더 진하게 느껴지는 커피 단맛을 추가하고 싶을 땐 메이플, 캐러멜, 헤이즐넛 등 다양한 시럽을 활용해서 다양한 아이스 카페라떼를 만들 수 있다.

아이스 카푸치노	재료 및 제조 방법
	• 재료: 얼음, 에스프레소 2oz, 우유, 우유 거품 • 제조방법: 얼음에 우유를 잔 기준으로 50%를 채운 후 에스프레소 2oz를 넣고 혼합한 후 우유 거품을 얹는다.
	메뉴 설명
	핫 카푸치노에 비해 특징이 적은 맛. 아이스 카페라떼와 쌍둥이 느낌. 차갑게 먹는 메뉴이기 때문에 우유 거품은 프렌치 프레스를 이용하여 만든다. 기호에 따라 시나몬, 코코아파우더를 뿌려 풍미와 맛을 가미한다.

아이스 모카치노	재료 및 제조 방법
	• 재료: 얼음, 에스프레소 2oz, 초코, 우유, 우유 거품 • 제조방법: 초코소스에 에스프레소 2oz를 잘 섞어준 후 얼음과 우유 80%를 넣고 우유 거품을 얹고 초코소스로 장식한다.
	메뉴 설명
	초코가 첨가된 아이스 카푸치노 같은 느낌 투명 유리컵에 초코소스와 에스프레소를 섞지 않고 순서대로 켜켜이 넣으면 보기에 멋스럽다. 마실 때 섞어 먹는다.

Part 5

커피향미 평가

COFFEE BARISTA

커피 향의 분류

커피의 전체적 향은 부케(Bouquet)라고 부르며, 프레이그런스(Fragrance), 아로마(Aroma), 노즈(Nose), 애프터테이스트(Aftertaste)의 네 부분으로 구성된다.

각각의 부분에서 느껴지는 향은 분명한 차이가 있으나, 한 잔의 커피 향은 다음 중 하나에 의해서만 구성되는 것이 아니고 네 부분이 조화를 이루면서 만들어지는 것이다. 당분, 아미노산, 유기산 등이 로스팅 과정을 거치며 갈변반응을 통해 향기성분으로 바뀐다. 휘발성 화합물은 중량이 0.05% 미만인 700~2,500ppm으로 매우 적은 양이나 800여 가지가 넘으며 가스방출과 함께 증발되어 상온에서 시간이 지나면서 커피 향기를 잃어버린다. 아라비카종이 로부스타종보다 향이 많고 로스팅이 진행되면서 풀시티 로스트까지 증가하나 프렌치, 이탈리안 로스트에 이르면 오히려 향이 감소하게 된다.

1. 제1그룹: 효소작용에 의하여 생성되는 향기성분

꽃 향(Flowery)		과일 향(Fruity)		허브 향(Herby)	
달콤한 향 (Floral)	부드러운 향 (Fragrant)	감귤 향 (Citrus)	베리 향 (Berry)	파 향 (Alliaceous)	완두 향 (Leguminous)

2. 제2그룹: 당(糖)의 갈변반응에 의하여 생성되는 향기성분

고소한 향(Nutty)		캐러멜 향(Caramelly)		초콜릿 향(Chocolaty)	
견과류 향 (Nutty)	구운 빵 향 (Malty)	캔디 향 (Candy-type)	물엿 향 (Syrup-type)	다크초콜릿 향 (Dark Chocolate)	바닐라 향 (Vanilla)

3. 제3그룹: 건열반응(Dry Distillation)에 의하여 생성되는 향기성분

테르펜 향(Terpeny)		향신료 향(Spicy)		탄 향(Carbony)	
송진 (Resinous)	소독 (Medicinal)	매운 향 (Warming)	쏘는 향 (Pungent)	연기 (Smoky)	재냄새 (Ashy)

※아래로 갈수록 분자량이 크고 무거워서 휘발성이 약해진다.

2 커피 향의 구성

1. Bouquet의 구성(SCAA Cupper's Handbook)

Fragrance (볶은 커피 향)	조직 내에 있던 탄산가스가 방출되면서 느껴지는 향 Sweetly(달콤한 꽃향기), Spicy(달콤한 향신료 향기) Herb(야채향), Nutty(너트향) 등
Aroma (추출 커피 향)	뜨거운 물의 열이 커피 입자 안에 있는 유기화합물의 일부를 기화 시키면서 느껴지는 향 Fruity(과실 향), Herb(야채향), Nutty(너트향) Caramelly(캐러멜 향), Chocolate-type(초콜릿 향) 등
Nose (입안의 향)	커피 액체가 입안에 있는 공기와 만나 입안에서 코로 넘어가서 느 껴지는 향 Nutty(너트향), Caramelly(캐러멜 향) Chocolate-type(초콜릿 향), Carbony(탄 냄새) 등
Aftertaste (뒷맛과 향)	커피를 마시고 난 후 입안에서 느껴지는 향 Carbony(탄 냄새), Smooky(연기내), Tarry(담배내) Chocolate-type(초콜릿 향) 등

2. 향기의 강도

강도	내용
Rich(리치)	풍부하면서 강한 향기(full & strong)
Full(풀)	풍부하지만 강도가 약한 향기(full & not strong)
Rounded(라운디드)	풍부하지도 않고 강하지도 않은 향기(not full & strong)
Flat(플랫)	향기가 없을 때(absence of any bouquet)

1) 프레이그런스(Fragrance; 볶은 커피 향)

원두를 갈면 커피의 조직이 분쇄되면서 열이 발생한다.

이때 커피 조직 내에 있던 탄산가스가 방출되면서 향 성분을(상온에서 기체상태) 함께 방출한다. Sweetly(달콤한 꽃향기), Spicy(달콤한 향신료의 톡 쏘는 향) 등을 느낄 수 있다.

2) 아로마(Aroma; 추출 커피 향)

분쇄 커피가 뜨거운 물과 접촉하면 분쇄 커피가 가지고 있는 향 성분의 75%가 날아가 버린다.

뜨거운 물의 열이 커피 입자 안에 있는 유기 화합물의 일부를 기화시키면서 다양한 향이 만들어지는데, Fruity(과실 향), Herby(허브 향), Nutty(너트 향) 등이 그것이다.

3) 노즈(Nose; 마시면서 느끼는 향)

커피를 마시면 커피 액체가 입안에 있는 공기와 만나 액체 중 일부가 기화된다. 이 과정에서는 맛을 감지할 수 있을 뿐만 아니라 코에서도 향을 느낄 수 있게 되는데, Caramelly(캐러멜 향), Nutty(볶은 견과류 향), Malty(볶은 곡류향) 등으로 다양하며, 원두의 로스팅된 정도에 따라서도 변화된다.

4) 애프터테이스트(Aftertaste; 입안에 남는 향)

커피를 마시고 난 후 입안에서 느껴지는 향으로 씨앗이나 향신료에서 나는 톡 쏘는 향 등이다. 강하게 로스팅된 커피에서는 Carbony(탄 냄새), Chocolate-type(초콜릿 향) 등을 느낄 수 있다.

커피의 촉감

입안의 촉감(Coffee Mouthfeel)이란 음식이나 음료를 섭취하는 과정에서 느껴지는 물리적 감각으로 부드럽다, 딱딱하다, 촉촉하다 등의 느낌을 말한다. 입안에 있는 말초신경은 커피의 점도(Viscosity)와 미끈함(Oilness)을 감지하는데 이 두 가지를 집합적으로 바디(Body)라고 표현한다.

커피의 경우도 마시면서 입안에서 느껴지는 느낌이 있는데, 이것은 원두 내의 지방, 고형 침전물 등에 기인한다. 생두의 종류, 로스팅된 정도에 따라 차이가 있으며, Buttery(매우 기름진), Creamy(기름진), Thick(진한), Heavy(중후한), Smooth(부드러운), Light(연한), Thin(묽은), Watery(매우 묽은) 등으로 표현된다.

1) 촉감(Coffee Mouthfeel)

(1) 지방함량에 따라

Buttery(버터리) 〉 Creamy(크리미) 〉 Smooth(스무스) 〉 Watery(워터리)

(2) 고형성분의 양에 따라

Thick(식) 〉 Heavy(헤비) 〉 Light(라이트) 〉 Thin(신)

커피의 여러 가지 맛

커피에서 느낄 수 있는 기본적인 맛은 단맛, 짠맛, 신맛, 쓴맛이다. 쓴맛의 역할은 단지 다른 세 가지 맛의 강도를 조절할 뿐이며 예외적으로 질이 낮은 커피나 다크 로스트 커피에서 쓴맛이 지배적으로 느껴진다.

기본 맛 중 짠맛이 포함되어 있어 의외라고 느낄 수 있겠으나 원두 내의 산화무기물, 산화칼륨, 산화인, 산화마그네슘 등에 기인하여 느껴지는 맛이다.

이 네 가지 기본 맛(Four Basic Tastes)을 기본으로 생성되는 커피의 맛들은 다음과 같다.

Acidy (상큼한 맛)	커피 중의 산에 의해 생성되며 당과 결합하여 추출커피의 전체적인 단맛을 증가시킨다.
Mellow (달콤한 맛)	커피 중의 염에 의해 생성되며 당과 결합하여 추출커피의 전체적인 단맛을 증가시킨다.
Winey (와인의 맛)	커피 중의 당에 의해 생성되며 산과 결합하여 추출커피의 전체적인 신맛을 감소시킨다.
Bland (밋밋한 맛)	커피 중의 당에 의해 생성되며 염과 결합하여 추출커피의 전체적인 짠맛을 감소시킨다.
Sharp (자극적인 맛)	커피 중의 산에 의해 생성되며 염과 결합하여 추출커피의 전체적인 짠맛을 증가시킨다.
Soury (시큼한 맛)	커피 중의 염에 의해 생성되며 산과 결합하여 추출커피의 전체적인 신맛을 감소시킨다.

4가지 기본 맛(Four Basic Tastes)

맛	원인 물질
신맛	• 클로로제닉산(Chlorogenic acid), 옥살릭산(Oxalic acid), 말릭산(Malic acid), 시트릭산(Citric acid), 타타릭산(Tartaric acid) 같은 유기산(Organic acid)에 기인한다. • 아라비카종은 pH 4.9~5.1/로부스타종은 pH 5.2~5.6이다. • 라이트-시나몬 로스트일 때 신맛이 가장 강하다.
단맛	• 환원당, 캐러멜당, 단백질 등에 기인한다. • 아라비카종이 로부스타종보다 더 강하다.
쓴맛	• 알칼로이드인 카페인과 트리고넬린, 카페익산, 퀴닉산 등의 유기산과 페놀릭 화합물에 기인한다. • 로부스타종이 아라비카종보다 더 강하다.
짠맛	산화칼륨

온도와 맛의 변화

• 단맛은 온도가 높아지면 상대적으로 약해진다.

• 짠맛은 온도가 높아지면 상대적으로 약해진다.

• 과일산은 온도 변화에 따른 영향을 받지 않아 신맛은 온도의 영향을 거의 받지 않는다.

1) 커피의 맛

1차 맛	맛의 변화	2차 맛
Acidy(애시디)	단맛 쪽	Nippy(니피)
	신맛 쪽	Piquant(피컨트)
Mellow(멜로우)	단맛 쪽	Mild(마일드)
	짠맛 쪽	Delicate(델리키트)
Winey(와이니)	단맛 쪽	Tangy(탱이)
	신맛 쪽	Tart(타르트)
Bland(블랜드)	단맛 쪽	Soft(소프트)
	짠맛 쪽	Neutral(뉴트럴)
Sharp(샤프)	짠맛 쪽	Rough(러프)
	신맛 쪽	Astringent(어스트린전트)
Soury(사워리)	짠맛 쪽	Acrid(애크리드)
	신맛 쪽	Hard(하드)

맛의 분류	내용
Acidy (상큼한 맛)	오렌지를 먹었을 때 느껴지는 상큼함과 같은 느낌이다. 단맛과 신맛이 동시에 나타나지만, 단맛이 더 강하게 느껴진다.
Mellow (달콤한 맛)	커피를 마시고 난 후에 느껴지는 달콤함이다. 단, 설탕을 먹었을 때 느껴지는 단맛을 기대하기는 어렵다.
Winey (와인의 맛)	와인을 마셨을 때 느껴지는 신맛과 약간의 달콤함으로 비유될 수 있다.
Bland (밋밋한 맛)	특징적인 맛을 느낄 수 없는 상태다. 커피 내의 당분이 무기질 성분과 결합하여 무기질의 맛(짠맛)을 중화시키기 때문에 나타난다.
Sharp (자극적인 맛)	톡 쏘는 듯한 맛으로 신맛과 강한 짠맛에 기인하여 생성된다.
Soury (시큼한 맛)	신맛과 떫은맛이 동시에 느껴진다(발효된 식초를 먹었을 때의 느낌을 상상해 보라).

2) 맛 성분

맛 성분은 주로 가용성으로 끓는 물에서 약 18~22% 추출되는 게 좋다.

5 커피향미의 변화

1. 화학적 성분

로스팅에 따른 성분의 상대적 변화

성분		생두(%)		원두(%)	
		전체	가용성 성분	전체	가용성 성분
탄수화물	당분	10.0	0.0	18.0~26.0	11.0~19.0
	섬유소 외	50.0	−	37.0	1.0
지방		13.0	−	15.0	−
단백질		13.0	4.0	13.0	1.0~2.0
무기질		4.0	2.0	4.0	3.0
산	클로로제닉산	7.0	7.0	4.5	4.5
	유기산	1.0	1.0	2.35	2.35
알칼로이드	트리고넬린	1.0	1.0	1.0	1.0
	카페인	1.0	1.0	1.2	1.2
휘발성 화합물	탄산가스	−	−	2.0	미량
	향기성분	−	−	0.04	0.04
페 놀		−	−	2.0	2.0
총 량		100	26	100	27~35

* Sivetz & Desrosier − Coffee Technology

2. 수분함량

8~12% → 0.5~3.5%

가용성 성분

- 생두의 당분, 단백질, 유기산 등은 갈변반응을 통해 가용성 성분으로 변한다.
- 로부스타는 아라비카보다 약 2% 많으며 고온에서 단시간 로스팅하면 약 2~4% 증가한다.

3. 커피의 맛과 향의 표현

우리가 커피를 마실 때 느낄 수 있는 커피의 향기(Aroma)와 맛(Taste)의 복합적인 느낌을 플레이버(Flavor, 향미)라고 하며 이런 커피 플레이버에 대한 관능평가(Seneory evalution)는 후각(Olfaction), 미각(Gystation), 촉각(Morthfeel)의 세 단계로 나뉜다.

전문가들은 생두가 약 2,000가지의 물질로 구성되어 있고, 로스팅 후 발현되는 성분이 850가지 정도라고 추정하고 있다. 따라서 많은 물질들이 복잡하게 뒤섞인 커피를 '이런 맛이다' '이런 향이다'라고 표현하는 것은 쉽지 않다.

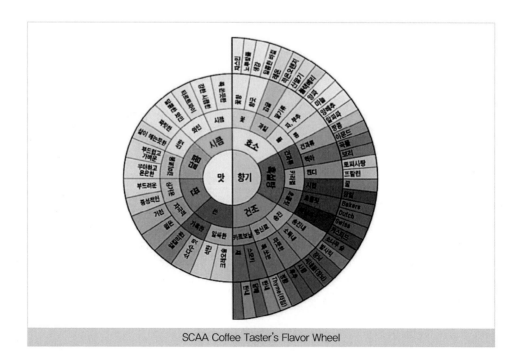

SCAA Coffee Taster's Flavor Wheel

4. 커피의 화학적 성분

1) 쓴맛의 생성

- 카페인에 의한 쓴맛은 전체의 약 10%
- 카페인 함량은 로스팅을 해도 거의 일정한 값을 유지함

① 트리고넬린(Trigonelline)

생두	• 카페인의 약 25%이 쓴맛 • 커피뿐만 아니라 어패류와 홍조류 등에 다량 함유 • 아라비카종이 다른 종보다 비교적 많이 함유
원두	• 열에 불안정하여 로스팅이 진행되면 급속히 감소

② 카페인(Caffeine)

생두	• 퓨린(Purine)염류에 속하며 재배지, 품종에 따라 함량 차이가 큼 • 씨앗뿐만 아니라 잎에도 소량 함유(나무껍질과 뿌리에는 없음)
원두	• 카페인은 열에 안정적이어서 130℃ 이상이 되면 일부 승화하여 소실되나 대부분은 원두에 남음

2) 탄수화물

① 유리당

생두	• 유리당류는 아라비카종이 로부스타종보다 많이 함유 • 유리당류는 원두의 갈색이나 향의 형성에 큰 영향을 줌 • 유리당류 중 자당(Sucrose)이 주성분으로 6~8% 정도 포함
원두	• 유리당류는 로스팅 후에 거의 소실 • Sucrose는 로스팅 후에 갈색 색소 향기성분으로 변화하고 나머지는 이산화탄소와 물로 소멸

② 다당류

생두의 탄수화물 조성(%)

holo celluose	hemi celluose	전분 (starch)	pentosan	sucrose	펙틴	환원당	계
18.0	15.0	10.0	5.0	7.0	2.0	1.0	57.0

3) 단백질

유리아미노산

① 로스팅에 의해 급속하게 소실된다.

② 생두에 0.3~0.8%로 이루어졌으며, 원두의 향기 형성에 중요한 성분이다.

③ 당과 같이 반응해서 멜라노이딘(Melanoidine) 및 향기성분으로 변화한다.

④ 일부의 성분은 쓴맛 성분과 결합해서 갈색색소 성분으로 변화한다.

4) 지질(Lipid)

로부스타종 : 평균 9.1% / 아라비카종 : 평균 15.5%

① 장기 저장 시 지질의 산가는 증가한다.

② 저장기간이 길어질수록 lipase에 의한 가수분해가 촉진되어 산가가 높아진다.

③ 커피생두의 색깔변화는 녹청색 → 옅은 녹청색 → 황색 → 갈색으로 변화한다.

④ 커피생두의 지질성분

Triglyceride/Diterpene/Tocopherol(Vitamin E)/Phospholipid

지질 각 부위의 지방산 조성

linoleic acid	palmitic acid	oleic acid	stearic acid	arachidic acid
43.1	31.1	9.6	9.6	4.1

5) 수용성 비타민

비타민	생두(mg/kg)	원두(mg/kg)
Niacin	22.0	93~436
Riboflavin	2.3	0.5~3.0
Thiamin	2.1	0~0.7
Ascorbic acid	460~610	–
Panthothenic acid	10.0	2.3

6) 무기질성분

K(칼륨)은 99%가 추출되어 인스턴트커피에 함유되기 때문에 추출률의 판단에 이용되며 전체 무기질성분의 40%로 가장 많이 함유되어 있다.

5. 갈변반응(Sugar-browning)

1) 캐러멜화(Caramelization)

당을 가열할 때 생두에 5~10% 포함되어 있는 Sucrose의 캐러멜화

2) 마이야르반응(Maillard Reaction)

비효소적 갈변반응으로써 생두를 로스팅할 때 생두에 포함되어 있는 소량의 아미노기(Amino group)와 환원당인 카보닐기(Carbonyl group)와 작용하여 갈색의 중합체인 멜라노이딘(Melanoidine)을 만드는 반응

3) 클로로제닉산(Chlorogenic acid)에 의한 갈변

고분자의 갈색색소는 클로로제닉산(Chlorogenic acid)류와 단백질과 다당류와의 반응으로 형성된다.

6. 커피의 향미와 결점(Flavor taints & faults)

① 1단계 : 수확과 건조(Harvesting/Drying)

종류	생성 원인
Rioy(리오이)	요오드 같은 약품 맛이 심하게 나는 맛의 결점으로 자연 건조한 브라질 커피에서 주로 발생함
Rubbery (러버리)	커피열매가 너무 오랫동안 매달려 부분적으로 마를 때 생성되는 결점으로 아프리카의 건식 로부스타종에서 발생함
Earthy(어시)	커피의 뒷맛에서 흙냄새를 나게 하는 향기 결점
Musty (머스티)	지방성분이 곰팡이 냄새를 흡수 또는 콩이 곰팡이와 접촉하여 발생함
Fermented(퍼멘티드)	혀의 매우 불쾌한 신맛을 남기는 맛의 결점
Hidy(하이디)	우지(牛脂)나 가죽냄새가 나는 향기 결점

② 2단계: 저장과 숙성(Storage/Aging)

종류	생성 원인
Grassy(그래시)	갓 벤 알파파에서 나는 냄새와 풀의 아린맛이 결합된 향미 결점
Strawy(스트로이)	수확한 후 보관을 오랫동안 하여 유기물질이 없어져 생성됨
Woody(우디)	불쾌한 나무 같은 맛(wood-like)을 내는 맛의 결점

③ 3단계: 로스팅의 캐러멜화 과정(Roasting/Caramelization)

종류	생성 원인
Green(그린)	로스팅 과정에서 너무 낮은 열을 너무 짧은 시간에 공급하여 당-탄소 화합물이 제대로 전개되지 않아서 생성됨
Baked(베이크드)	낮은 열로 너무 장시간 로스팅하여 캐러멜화가 제대로 진행되지 못해 향미성분이 충분히 생성되지 못하게 되어 발생됨
Tipped(팁드)	로스팅 시 열량 공급 속도가 급속히 빨라 콩이 부분적으로 타서 발생됨
Scorched(스코치트)	로스팅 과정에서 너무 많은 열이 짧은 시간에 공급되어 콩의 표면이 타서 발생됨

④ 4단계: 로스팅 후 변화(Post-roasting/Staling)

종류	생성 원인
Flat(플랫)	로스팅 후 산패가 진행되어 향기성분이 소멸되어 발생됨
Vapid(배피드)	유기물질이 소실되어 추출커피에서 향이 약함
Insipid(인시피드)	커피의 플레이버 성분이 소멸되어 추출한 커피에서 느껴지는 가벼운 맛을 내는 맛의 결점
Stale(스태일)	산소와 습기가 커피의 유기물질에 좋지 않은 영향을 주어 생성되거나 로스팅 후 불포화지방산이 산화되어 생기는 맛의 결점
Rancid(랜시드)	불쾌한 맛을 많이 느끼게 하는 맛의 결점

⑤ 5단계: 추출 후 보관 중 변화(Post-Brewing/Holding)

종류	생성 원인
Flat(플랫)	추출 후 보관과정에서 향기성분이 커피에서 소멸되어 발생함
Vapid(배피드)	유기물질이 소멸되어 추출커피에서 향이 약하게 발생함
Acerbic(어서빅)	추출 후 뜨거운 상태에서 장시간 보관 시 생성되는 강한 신맛
Briny(브라이니)	물이 증발하고 무기질성분이 축적되면서 짠맛이 나는 맛의 결점
Tarry(태리)	커피 추출액의 단백질이 타서 생성된 불쾌한 탄맛이 나는 결점
Brackish(블래키시)	산화무기물과 염기성 무기질이 축적되어 나타나는 맛의 결점

6 커핑

커피 커핑(Coffee Cupping)이란?

커피 샘플의 맛(Taste)과 향(Aroma)의 특징/특성을 체계적으로 평가하는 것을 말하며 이런 작업을 전문적으로 평가하는 사람을 커퍼(Cupper)라고 한다.

1. 커퍼(Cupper)

커피 농장들은 커피를 재배하고 생산할 뿐 생산한 커피에 관한 유통체계, 마케팅 능력, 홍보력, 해외수출 능력 등은 갖추고 있지 못하다. 그러므로 커피 생산지에서는 이러한 능력을 갖춘 커피조합들이 농장과 계약을 맺고 판매를 대행해 주는 것이 보편적이다. 커피조합은 국가 소유의 공기업인 경우와 개인 소유의 사기업인 경우 등으로 각 나라의 환경과 상황에 따라 다르다.

커피조합에는 생두를 로스팅하여 테이스팅 후 평가기준에 따라 등급을 정하는 일을 전문적으로 하는 이들을 커퍼(Cupper)라고 한다.

한 해에 생산된 생두는 커퍼(Cupper)에 의해 커핑 테스트를 거쳐 등급이 매겨지고, 각 등급에 따라 내수용, 수출용 등으로 다양하게 분류된다.

한편 유럽이나 미국, 일본 등의 대규모 생두회사에도 커퍼(Cupper)가 있으며, 이들도 동일한 평가기준을 가지고 수입된 생두를 다시 한번 평가하는 일을 한다.

2. 커핑 테스트(Cupping test)

커핑 테스트란 앞에서 설명한 바와 같이 생두의 등급을 매기고 정하기 위해서 하는 테스트이다. 커핑테스트(Cupping test)를 위해서는 다음과 같은 준비물이 필요하다.

- 분쇄한 테스트용 원두
- 4개 이상의 시음용 컵(나라에 따라 개수에는 차이가 있으나, 스페셜티급 이상의 커피는 보통 4개 이상으로 한다)
- 커핑스푼
- 계량저울
- 커핑테스트용 결과 기록지
- 커핑스푼을 세척할 수 있는 물이 담긴 용기
- 테스트한 커피를 뱉을 수 있는 용기
- 입을 헹굴 수 있는 냉수

3. 커핑 준비

1) 로스팅

커핑(Cupping)을 하기 위해서는 24시간 이전에 로스팅한 원두, 로스팅 단계는 High - City 정도여야 하며 로스팅 시간은 8~12분 사이이고 원두에서 탄맛이 나면 좋지 않다. 샘플로 사용될 커피는 밀봉하여 빛이 없는 어두운 곳에 보관해야 하며 반드시 냉장이나 냉동이 아닌 실온(20℃)상태에서 보관해야 한다.

2) 분쇄

분쇄는 커핑(Cupping)하기 전 15분 이내에 한다. 원두의 크기는 가늘어야 하는데 모든 분쇄 입자의 약 70~75% 정도가 미국 표준 20번 체를 통과하는 굵기이기 때문이다. 이런 분쇄 표준을 정하는 이유는 분쇄된 원두의 추출수율이 18~22%가 되도록 하기 위해서이다.

3) 비율

원두와 물의 비율 - 물 : 150ml, 원두 : 8.25의 비율이다. 이 비율로 추출하면 가용성 성분의 농도가 1.1~1.3% 정도가 된다.

4) 물

커핑(Cupping)에 사용되는 물은 깨끗하고 냄새가 없어야 하며 100~200ppm 사이의 용존(하천, 호수 따위의 물속에 녹아 있는 산소의 양) 미네랄을 함유하고 있어야 하는데 125~175ppm 사이가 적합하다. 시중에서 판매되는 생수와 같은 수준의 경도이다.

5) 커핑컵(Cupping Cup)

커핑(Cupping) 시 사용되는 컵의 재질은 강화유리나 도기로 용량은 5~6oz(약 150~180ml)이고 컵의 지름은 3~3.5inch(7.6~8.9cm)가 되어야 한다. 샘플당 4~5개의 컵이 필요하다.

6) 커핑스푼

열 분산이 잘 되는 은재질의 스푼으로 4~5ml의 원두를 담을 수 있어야 한다.

7) 기타

커핑 양식지, 그라인더, 온도계, 주전자, 컵(스푼을 씻고 입을 헹굴 컵)

4. 커핑방법

1) 분쇄원두 담기

로스터기로 로스팅한 후 원두의 향을 잘 맡을 수 있도록 가늘게 분쇄한 원두를 컵에 각각 8.25g씩 담는다.

2) 분쇄된 원두 향기(Fragrance, Dry aroma)

분쇄한 후 15분 이내에 코를 컵에 가까이 대고 커피 세포로부터 탄산가스와 함께 방출되는 기체를 깊게 들이마시면서 분쇄된 원두의 향기 속성과 강도를 체크한다.

3) 물 붓기

약 93℃ 정도의 끓인 물 150ml를 모든 원두 입자가 전체적으로 적셔지도록 컵에 가득 부어준다. 이렇게 하면 가용성 성분의 농도가 1.1~1.35%가 된다.

4) 추출원두의 향기(Break aroma)

물을 붓고 3~5분 후에 원두 입자는 컵 표면에 층을 만든다. 커핑스푼으로 약 3번 정도 밀면서 향의 변화를 평가한다.

5) 거품 걷어내기

거품을 걷어내고 물의 온도가 60~70℃ 정도가 되면 커핑스푼으로 약 6~8ml 정도 떠서 입안으로 강하게 흡입해 혀와 입안 전체에 골고루 퍼지게 한다. Flavor, Acidity, Body, Balance 항목을 평가한다. 원두가 식으면 2~3회 반복해서 평가한다.

5. SCAA 커핑 테스트 기록지 작성요령 및 평가항목, 평가기준

1) 작성요령

① 왼쪽 네 줄에 견본번호, 재배지/가공방법, 품질정보(등급 등), 볶음도를 기록한다.
② 커피 향의 여섯 가지 평가항목을 기준에 따라 평가하고 기록한다.
③ 여섯 항목의 합계를 계산한 후, 50을 더하여 종합평가 점수를 내어 기록한다.

2) 평가항목과 기준

① Fragrance/Aroma

원두를 갈기 전의 향을 Fragrance, 갈고 난 후 물과 만났을 때의 향을 Aroma라고 부른다. Fragrance와 Aroma는 각각 다른 향을 발산하는데, 이 항목에서는 두 향을 평가한 후 종합적인 느낌을 점수화하는 것이다. 달콤새콤한 경쾌한 향이 느껴질수록 10, 암모니아 냄새와 같이 발효된 듯한 안 좋은 향은 1에 가깝다.

② Acidity

커핑스푼을 통해 커피 액이 입안으로 들어갔을 때 혀에서 느껴지는 새콤함을 뜻한다. 오렌지와 같은 상큼함이 느껴질 경우, 점수는 10에 가까우나 발효된 식초 맛과 유사하다면 1에 가깝다고 볼 수 있다.

③ Flavor

맛과 향의 종합적인 느낌이다. 균형감이 있으면 10에 가까우나 시큼한 맛이나 쓴맛이 두드러질 경우, 향이 약할 경우 점수는 낮다.

④ Body

입안에서 느껴지는 중후함이다. 원두의 지방, 고형 침전물에 기인하는 커피 액의 질감으로 강하게 느껴지면 10, 약하게 느껴질수록 1에 가깝다.

⑤ Aftertaste

커피 액을 입안에서 굴리면서 평가한 후 뱉은 다음 느껴지는 맛과 향에 대한 전체적인 평가이다. taste라는 용어가 들어가 있어 맛에 대한 평가로 오인할 수 있으나 맛과 향의 조화임을 기억해 두자. 평가는 균형감이 느껴지면 10에, 한쪽으로만 치우쳐져 있다면 점수는 낮다.

⑥ Cupper's point

커피에 대한 평가자의 전체적인 견해이다. 전체적인 항목에서 좋은 점수를 받았다면 +5에 가깝고 반대의 경우 -5에 표기한다.

⑦ Overall

각 항목의 점수를 합산한 다음 40점을 더하여 나온 결과를 기록한다.

Specialty Coffee Association of America Coffee Cupping Form

Name: _____ Session: _____

Date: _____ Table No. _____

Quality scale:

6.00 - Good	7.00 - Very Good	8.00 - Excellent	9.00 - Outstanding
6.25	7.25	8.25	9.25
6.50	7.50	8.50	9.50
6.75	7.75	8.75	9.75

Sample #

Roast Level of sample

Fragrance/Aroma — Score: Qualities: Dry / Break

Flavor — Score:

Aftertaste — Score:

Acidity — Score: Intensity High / Low

Body — Score: Level Heavy / Thin

Sweetness — Score:

Clean Cup — Score:

Balance — Score:

Uniformity — Score:

Overall — Score:

Defects (subtract) Taint=2 Fault=4 # cups × Intensity =

Total Score

Final Score

Notes:

Sample #

Roast Level of sample

Fragrance/Aroma — Score: Qualities: Dry / Break

Flavor — Score:

Aftertaste — Score:

Acidity — Score: Intensity High / Low

Body — Score:

Sweetness — Score:

Clean Cup — Score:

Balance — Score:

Uniformity — Score:

Overall — Score:

Defects (subtract) Taint=2 Fault=4 # cups × Intensity =

Total Score

Final Score

Notes:

Sample #

Roast Level of sample

Fragrance/Aroma — Score: Qualities: Dry / Break

Flavor — Score:

Aftertaste — Score:

Acidity — Score: Intensity High / Low

Body — Score:

Sweetness — Score:

Clean Cup — Score:

Balance — Score:

Uniformity — Score:

Overall — Score:

Defects (subtract) Taint=2 Fault=4 # cups × Intensity =

Total Score

Final Score

Notes:

SPECIALTY COFFEE ASSOCIATION OF AMERICA

Appendix
부록

- 커피바리스타경영사 필기시험 문제정리
- 커피바리스타경영사 실기 채점표
- 커피바리스타경영사 실기평가

커피바리스타경영사
필기시험 문제정리

국가공인자격관리기관 사단법인

KAM 한국정보관리협회
THE KOREA ASSOCIATION OF INFORMATION MANAGEMENT

Ⅰ. 커피의 기초

제1장 커피의 역사

01 칼디의 전설에서 알려진 커피의 기원은 어느 지역인가?

① 예멘   ② 에티오피아

③ 이탈리아   ④ 브라질

02 유럽에 커피를 전한 사람은 어느 나라 사람들인가?

① 이탈리아   ② 인도네시아

③ 터키   ④ 네덜란드

03 1650년 영국 최초의 커피하우스를 오픈한 사람은 누구인가?

① 야곱(Jacob)

② 베베르(Karl Ivanovich Verver)

③ 클레외(Gabriel Mathieu de Clieu)

④ 프로코피오(Procopio)

04 1696년 뉴욕 최초의 커피숍의 이름은 무엇인가?

① 프로코프(Cafe de Procope)

② 커트리지 커피하우스(Gutteridge coffeehouse)

③ 정관헌

④ 더 킹스 암스(The King's Aarms)

05 15세기 니에하벤딩이 쓴 아라비아 고문서에 나온 아비시니아에서의 커피의 이용방법이 아닌 것은 무엇인가?

① 비상식품으로 사용하였다.

② 여행 시 상비약으로 사용하였다.

③ 과육을 이용하여 술을 제조하였다.

④ 건조 과실로 섭취하였다.

06 악마의 음료라고 불리던 커피에게 세례를 준 교황은 누구인가?

① 클레멘트 8세   ② 표트로 대제

③ 요한 18세   ④ 비오 10세

07 1688년 런던에서 가장 유명하던 커피하우스는 오늘날 세계 최고의 보험회사가 되었다. 그 이름은 무엇인가?

① Prudential 보험 ② Meritz 보험

③ Lloyd 보험   ④ Hanwha 보험

08 미국인들이 홍차를 대신해서 커피를 마시게 된 계기는 무엇인가?

① 세포이 항쟁   ② 엠보 전보 사건

③ 파리의 심판   ④ 보스턴 차 사건

09 프랑스의 커피 열풍은 어느 나라 대사에 의해 시작되었는가?

① 터키 대사

② 예멘 대사

③ 남아프리카공화국 대사

④ 영국대사

10 미국에 커피가 첫 선을 보이게 된 연도는 언제인가?

① 1670년   ② 1668년

③ 1683년   ④ 1696년

11 일본에 처음으로 커피가 들어온 지역은 어디인가?

① 교토 지역　　② 북해도 지역

③ 도쿄 지역　　④ 나가사키 지역

12 우리나라에서 커피를 처음 접한 것으로 알려진 사람은 누구인가?

① 고종　　　　② 박영효

③ 정조　　　　④ 이성계

13 커피가 가장 먼저 발견된 나라는?

① 브라질　　　② 인도

③ 예멘　　　　④ 에티오피아

14 커피가 전파된 후 가장 먼저 커피 경작을 시작한 나라는?

① 예멘　　　　② 인도

③ 터키　　　　④ 에티오피아

15 덕수궁 내 고종이 주로 커피와 다과를 즐겼던 장소의 이름은?

① 카페세실　　② 손탁호텔

③ 정관헌　　　④ 난다랑

제2장 커피 식물학

16 생두를 감싸고 있는 껍질은 무엇이라고 하는가?

① 과육　　　　② 은피

③ 파치먼트　　④ 외과피

17 커피체리의 맨 바깥의 겉껍질을 무엇이라고 하는가?

① 외과피　　　② 과육

③ 은피　　　　④ 파치먼트

18 녹색의 커피콩을 무엇이라고 하는가?

① 커피체리　　② 생두

③ 센터 컷　　　④ 원두

19 커피나무에 대한 설명으로 틀린 것은 무엇인가?

① 커피는 식물학적으로 코페아속에 속한다.

② 아라비카종 나무의 키는 5~6m이다.

③ 상업적으로 재배되는 품종은 크게 2가지로 아라비카종과 리베리카종으로 구분된다.

④ 커피나무에는 체리라고 하는 빨간색 열매가 열린다.

20 커피체리의 색이 다른 품종은 무엇인가?

① 카티모르　　② 마라고지페

③ 켄트　　　　④ 카투아이 아마렐로

정답

1	2	3	4	5	6	7	8	9	10
②	③	①	④	②	①	③	④	①	②

11	12	13	14	15
④	①	④	①	③

21 체리의 내부 구조가 옳은 것은 무엇인가?

① 외과피 -> 과육 -> 파치먼트(내과피) -> 실버스킨 -> 생두

② 과육 -> 파치먼트(내과피) -> 실버스킨 -> 외과피 -> 생두

③ 외과피 -> 파치먼트(내과피) -> 실버스킨 -> 과육 -> 생두

④ 과육 -> 실버스킨 -> 파치먼트(내과피) -> 외과피 -> 생두

22 체리에 한 개의 콩이 들어있다면, 이 콩을 무엇이라 하는가?

① 피베리(Peaberry)

② 모노빈(Mono-Bean)

③ 싱글빈(Single Bean)

④ 소이빈(Soy Bean)

23 생두에 대한 설명으로 옳은 것은 무엇인가?

① 하나의 체리에는 항상 두 개의 생두가 자란다.

② 한 개의 체리에는 2개의 생두가 서로 마주보고 있는데 마주보는 면은 평평하고 반대쪽은 둥글다.

③ 일반적으로 커피 씨앗을 땅에 심을 때에는 반드시 생두 상태에서 심어야 싹이 난다.

④ 생두는 파치먼트라는 은색의 얇은 막이 둘러싸고 있다.

24 피베리에 대한 설명으로 틀린 것은 무엇인가?

① 피베리는 일반생두보다 30% 정도 고가이다.

② 카라콜리(Caracoli)라고도 한다.

③ 하나의 체리에 1개의 생두가 자라는 것을 말한다.

④ 대부분 영양분이 잘 공급되는 가지의 시작점에 생긴다.

25 커피나무 잎사귀에 대한 설명으로 틀린 것은 무엇인가?

① 일반적으로 굵고 광택이 있다.

② 아라비카종과 로부스타종에는 차이가 있다.

③ 아라비카종은 둥글고 로부스타종에 비해 크기도 매우 크다.

④ 아라비카종은 너비가 1cm이고 길이는 4cm이며, 로부스타는 너비가 4cm, 길이가 10cm이다.

26 커피나무 꽃에 대한 설명으로 옳은 것은 무엇인가?

① 아라비카종은 자가 수정, 로부스타종은 타가수정을 한다.

② 꽃잎은 아라비카종 4장, 로부스타종 5장, 리베리카종은 3~4장이지만 개화하고 나서 2~3일 피고 바로 져버린다.

③ 꽃은 분홍색으로 재스민 향과 아카시아 향을 섞어 놓은 것 같은 향이 난다.

④ 리베리카종은 꽃가루가 바람에 발산하기 어렵도록 무겁게 되어 있다.

27 커피나무에 관한 설명으로 옳은 것은?

① 높은 고도에서 자란 것이 높은 밀도로 품질이 더 좋다.

② 아라비카나무는 6m까지 자란다.

③ 로부스타종의 콩은 대부분 작고 기다란 모양이다.

④ 아라비카나무는 낮은 고도에서 자란다.

28 체리 속 생두가 서로 마주보고 있는 형태의 생두를 무엇이라 하는가?

① 홀 빈(Whole bean)

② 커플 빈(Couple bean)

③ 피베리(Peaberry)

④ 플랫 빈(Flat bean)

29 생물학적 관점에서의 커피에 대한 설명이다. 틀린 것은 무엇인가?

① 커피는 쌍떡잎식물로 꼭두서니(Rubiaceae)과에 속한다.

② 커피의 과실은 식물학적으로 장과이며 중심부에 딱딱한 콩이 있다.

③ 품종으로는 티피카와 로부스타로 구분된다.

④ 커피의 3대 원종은 아라비카, 로부스타, 리베리카로 분류된다.

> • 장과: 1개 또는 여러 개의 종자가 있으며, 중과피와 내과피가 모두 육질성이다. ex) 토마토
> • 핵과: 1개 또는 2개의 종자가 있으며, 중과피는 육질성이나 내과피는 단단하다. ex) 자두

30 아라비카종에 대한 설명으로 틀린 것은 무엇인가?

① 에티오피아가 원산지로 세계 커피 총 생산량의 약 70%를 차지한다.

② 고도 1,000~2,000m에서 성장한다.

③ 체리 숙성 기간이 9-11개월이다.

④ 비교적 병충해에 강하다.

31 로부스타종에 대한 설명으로 틀린 것은 무엇인가?

① 염색채의 수가 22개(2n)이다.

② 기온이 15~24℃에서 성장한다.

③ 카페인의 함량이 1.7~4.0%이다.

④ 향미가 약하고 쓴맛이 강하다.

32 아라비카(Coffea Arabica)의 품종이 아닌 것은 무엇인가?

① 코닐론(Conilon)

② 티피카(Typica)

③ 마라고지페(Maragogype)

④ 문도노보(Mundo Novo)

33 리베리카종에 대한 설명으로 옳은 것은 무엇인가?

① 생두의 모양은 동글동글하며 짧은 타원형이다.

② 곰팡이 병에 저항성이 강하기 때문에 인도네시아 등지에서 넓게 재배되고 있다.

③ 저지대에서 생산되고 환경에 잘 적응한다.

④ 마다가스카르, 우간다, 콩고, 카메룬, 코트디부아르, 인도, 베트남 등에서 주로 재배된다.

34 버본(Bourbon)의 설명으로 옳은 것은 무엇인가?

① 수확량이 Typica보다 20~30% 많다.
② 나무의 키가 큰 것이 단점이다.
③ 아라비카와 로부스타의 교배종이다.
④ 병충해와 강풍에 보다 강하다.

35 로부스타(Robusta)종에 관한 설명으로 올바른 것은 무엇인가?

① 아프리카 콩고가 원산지로 1895년 처음 학계에 보고되었다.
② 주로 해발 800m 이상의 산지에서 재배된다.
③ 연평균 기온 24~30℃, 연평균 강우량 1,000mm 내외의 열대지역에서 잘 재배된다.
④ 재배가 쉽고 수확량이 아라비카보다 많은데다 카페인 양도 훨씬 적어 많은 국가들이 점점 그 재배 양을 늘려가고 있다.

정답									
16	17	18	19	20	21	22	23	24	25
③	①	②	③	④	①	①	②	④	③
26	27	28	29	30	31	32	33	34	35
①	①	④	②	④	②	①	③	①	①

제4장 커피재배 및 수확

36 커피벨트(Coffee Belt)에 대한 설명으로 틀린 것은 무엇인가?

① 북회귀선 23.5℃와 남회귀선 23.5℃ 사이의 지역을 말한다.
② 월별 평균 강우량보다 연간 총 강우량이 중요하다.
③ 평지나 약간 경사진 언덕으로 표토층이 깊고 물 보유 능력이 좋은 지역이 적합하다.
④ 고지대에서 생산된 커피는 단단하고 밀도가 높으며 향과 플레이버가 더 풍부하다.

37 씨앗심기에 대한 설명이다. 틀린 것은 무엇인가?

① 수확을 위한 첫 단계는 파종으로 파치먼트 상태로 심어야 한다.
② 파종시기는 정해져 있는 것이 아니고 연중 어느 때나 가능하다.
③ 파종 시 아라비카종은 땅에 바로 씨앗을 뿌린다.
④ 보관상태만 좋다면 건조시킨 건실한 파치먼트도 가능하다.

38 커피나무의 성장에 대한 설명으로 옳은 것은 무엇인가?

① 커피의 씨앗은 80~100일에 발아되고 약 50일이 더 경과하면 파치먼트가 벌어져서 떡잎이 나온다.

② 이식밀도는 성장된 커피나무가 아라
비카종은 2000~2500그루/ha, 로부
스타종은 3000~3500그루/ha이다.

③ 떡잎이 나오고 파종 후 6~9개월에서
50~50cm로 자라고 잎사귀는 5개 이
상이 되면 묘목을 농장으로 이식한다.

④ 어린 나무를 강한 직사광선으로부터
지키기 위하여 차광목으로 바나나,
밀감, 포도, 키위 등의 나무를 주위
에 심는다.

39 커피나무의 열매 맺기에 대한 설명이다. 틀린
것은 무엇인가?

① 커피나무의 키는 아라비카종은 5~
6m이고 로부스타종은 8m이나 재배
용은 수확하기 쉽도록 보통 1.5~2m
정도 되도록 손질한다.

② 묘목을 농장에 이식하고 3년 후부터
는 체리를 수확할 수 있다.

③ 커피나무가 성장한 지 20년 후부터는
급격히 수확량이 감소되는데 심은 지
수년이 지난 나무의 경우 가지치기를
하여 수확량을 다시 늘리기도 한다.

④ 커피나무의 수확량은 5년 정도부
터 수량이 안정되고 경제적으로는
20~30년 동안 수확할 수 있다.

40 적당한 테라로사라 하는 토양으로 되어 있고
남미의 약 절반의 면적을 차지하며 커피의 건
조방식이 거의 자연건조방식인 이 나라는 어
디인가?

① 베트남　　② 브라질

③ 과테말라　④ 자메이카

41 로부스타(Robusta)종과 관련된 생두는 무엇인
가?

① 케냐AA

② 코스타리카 SHB

③ 콜롬비아 수프리모

④ 인도네시아 만델링

42 자메이카 커피에 대한 설명으로 옳은 것은 무
엇인가?

① 푸른 맛이 들어 있는 콩으로 '아이티'
이름으로 불리고 있다.

② 블루마운틴 커피산지로써 대단히 유
명하다.

③ 산토도밍고라고 불리며 고지에서 생
산된 것은 산미와 향기가 좋다.

④ 킬리만자로 커피로써 산미와 뛰어난
향기 및 양질의 풍미로써 유명하다.

43 에티오피아 커피의 특징이 아닌 것은 무엇인
가?

① 아라비카종의 발원지가 된 지역이다.

② 모카 맛에 가까운 것을 '하라모카' 또
는 '모카하라'라고 부른다.

③ 예멘지역의 모카커피와 같은 것이다.

④ 이 지방의 콩은 예전에는 '아비시니
안'이라고 불렀다.

44 버본종의 원산지로서 작은 입자이지만 향기가 좋은 우량품으로 브라질에 이식되어 버본 커피로써 유명하게 된 이 지역은 어디인가?

① 케냐   ② 탄자니아

③ 리베리아   ④ 레위니옹섬

45 예멘 커피에 대한 설명으로 틀린 것은 무엇인가?

① 예전에 에티오피아에서 자생하던 커피나무가 지금의 예멘으로 이식되었다.

② 예전에는 커피 재배가 번성했지만 1869년에 곰팡이병으로 전멸하여 그 후 차의 재배지로 유명하게 되었다.

③ 이전 예멘 커피콩이 모카항에서 수출되었기 때문에 모카커피라고 불리게 되었다.

④ 한 그루에 꽃과 열매가 동시에 달리며 수확은 해마다 2~3회 가능하다.

46 인도네시아 커피에 대한 설명으로 틀린 것은 무엇인가?

① 현재 90% 정도가 '자바 로부스타종'으로 불리고 있다.

② 수마트라섬의 만델링은 특히 유명하고 향기 좋고 깊이가 있다.

③ 코모카는 최대 커피 산지로 코르카 커피로 알려진 양질의 커피이다.

④ 술라웨시섬의 고지에 있는 토라자 지방의 커피콩은 유명하다.

47 하와이 커피에 대한 설명으로 틀린 것은 무엇인가?

① 커피는 하와이 코나가 유명하며 이는 코나지방에서 재배되는 것이다.

② '올드코나'의 묵은 콩은 담황색으로 변하고 은근한 신맛을 내며 귀하다.

③ 큰 입자로 평평한 형태의 콩은 부드러운 맛과 감칠맛과 적당한 산미를 가지고 있다.

④ 1,000~2,000m에 달하는 고지에서 양질의 아라비카종이 만들어지고 4월~8월부터 작업이 된다.

48 커피체리를 수확하는 방식으로 잘 익은 것을 선별하는 것으로 사람들이 손으로 직접 골라서 따는 방식을 무엇이라고 하는가?

① 핸드피킹(hand-picking)

② 스트리핑(stripping)

③ 메커니컬 피킹(Mechanical Picking)

④ 핸드 스트리핑(hand-stripping)

49 커피의 수확방법 중 기계수확 방식의 특징이 아닌 것은?

① 인건비 부담

② 선별수확이 어려움

③ 나무에 손상을 줄 수 있음

④ 고가의 기계구입

50 커피의 수확방식 중 핸드피킹 방식의 특징은?

① 인력소비가 크다.

② 커피나무가 손상된다.

③ 열매가 균일하지 않다.

④ 수확이 빠르다.

정답

36	37	38	39	40	41	42	43	44	45
②	③	④	①	②	④	②	③	④	②
46	47	48	49	50					
③	④	①	①	①					

제5장 커피의 가공, 포장, 보관

51 커피체리 가공과정에 대한 설명으로 틀린 것은?

① 체리에서 생두를 분리해 내는 것을 뜻한다.

② 건식법과 습식법으로 크게 구분된다.

③ 체리를 수확한 후 늦어도 4시간 내에는 가공과정이 이루어질 수 있도록 한다.

④ 가공방식은 상황에 따라 몇 가지로 구분되지만 일반적으로 특별한 가공시설을 필요로 한다.

52 가장 전통적인 가공방식으로 커피열매를 따지 않고 햇볕에서 계속 건조시킨 후 수분이 다 날아가면 그때 일률적으로 수확하는 방법으로 현재도 예멘과 에티오피아의 일부지역에서 계속 사용되고 있는 방식이다. 이 가공방식은 무엇인가?

① 펄프드 내추럴 방식(Pulped Natural Coffee)

② 내추럴 방식(Natural Coffee)

③ 세척 방식(Washed Coffee)

④ 세미 워시드 방식(Semi-washed Coffee)

53 세미 워시드 방식(Semi-washed Coffee)으로 맞는 것은 무엇인가?

① 체리껍질을 벗긴 후 과육과 점액질까지 완전히 물에 씻거나 제거해야 한다.

② 발효과정을 통해 깨끗한 맛과 과일향을 얻게 된다.

③ 수확 후 체리를 물에 가볍게 씻고 과육이 파치먼트에 붙어 있는 상태에서 건조시킨다.

④ 물이 가득 담긴 발효탱크로 옮기고 12~36시간 정도 두면서 깨끗한 물을 3~5회 갈아준다.

54 체리의 껍질과 과육을 벗긴 상태에서 건조하는 방식으로 세척을 통해 익은 체리와 익지 않은 체리를 선별하며 펄핑 후 파치먼트상태를 물탱크로 옮겨 발효하는 방식은 무엇인가?

① 펄프드 내추럴 방식(Pulped Natural Coffee)

② 내추럴 방식(Natural Coffee)

③ 세척 방식(Washed Coffee)

④ 세미 워시드 방식(Semi-washed Coffee)

55 체리의 껍질을 분리하고 남아 있는 과육상태의 파치먼트를 그대로 건조하는 방식으로 경쾌하며 풍부한 향이 특징인 방식은 무엇인가?

① 펄프드 내추럴 방식(Pulped Natural Coffee)

② 내추럴 방식(Natural Coffee)

③ 세척 방식(Washed Coffee)

④ 세미 워시드 방식(Semi-washed Coffee)

56 포장 재료와 관계가 없는 것은?

① 빛을 차단하는 차광성

② 공기를 차단하는 방기성

③ 향을 풍부하게 해주는 방향성

④ 습기를 방지하는 방습성

57 건조된 커피콩에서 곰팡이와 박테리아가 번식되고 있다면 그 커피콩의 수분함유량은?

① 3% 이상　　② 5% 이상

③ 7% 이상　　④ 12% 이상

58 다음 생두의 보관에 대한 설명 중 올바른 것은?

① 생두의 좋은 상태를 유지하기 위해 습도와 온도가 적절한 곳에 보관한다.

② 생두는 원두와 달리 보관이 용이하기 때문에, 카페에서 장기간 보관해도 문제가 되지 않는다.

③ 햇빛이 잘 비치고 통풍이 잘되는 곳에 보관한다.

④ 오래 보관할수록 향미가 풍부해진다.

정답							
51	52	53	54	55	56	57	58
③	②	①	③	①	③	④	①

제6장 생두의 분류 및 등급 책정

59 생두의 선별에 있어 틀린 것은 무엇인가?

① 정상적이지 않은 생두나 이물질이 섞인 생두를 결점두라고 한다.

② 기계 이용 시 생두크기의 작은 돌은 제거되지 못한다.

③ 대규모 농장에서는 기계를 사용하여 결점두를 제거한다.

④ 소규모 농장에서는 사람들이 일일이 손으로 골라낸다.

60 생두 등급에 대한 설명이다. 틀린 것은 무엇인가?

① 생두의 크기에 따라 등급을 책정하는데 크기가 클수록 높은 등급으로 분류된다.

② 번호가 큰 스크리너의 구멍이 가장 크고 번호가 내려갈수록 크기는 작아진다.

③ 스크린 사이즈는 20~8까지의 번호가 새겨져 있다.

④ 생두의 크기와 맛은 비례한다.

61 생두 사이즈 분류에 대한 설명이다. 틀린 것은 무엇인가?

① 스크리너에 담아 분류하는데 No. 8~13까지는 피베리로 분류된다.

② 피베리는 전체의 10% 이내이다.

③ No. 18은 Good Bean으로 분류된다.

④ No. 20은 Very Large Bean으로 분류된다.

62 커피 생두의 등급으로 틀린 것은 무엇인가?

① 아프리카에서 AA는 최상품을 의미한다.

② 엑셀소는 콜롬비아에서 최상급을 의미한다.

③ 인도에서 PB는 피베리를 의미한다.

④ 코스타리카의 SHB는 생산고도 1200~1650m이다.

63 나라와 산지명에 대한 연결로 바르지 않은 것은 무엇인가?

① 과테말라 - 안티구아

② 코스타리카 - 따라주

③ 자메이카 - 블루마운틴

④ 멕시코 - 코나

64 에티오피아의 생두분류법으로 틀린 것은 무엇인가?

① 분류법은 Grade 1~Grade 9까지 있다.

② Grade1~Grade4등급까지는 U.G.Q (Usual Good Quality)로 분류된다.

③ Grade1 등급은 결점두 0~3개까지를 나타낸다.

④ Grade 8등급은 결점두 340개 이상으로 수출금지 등급이다.

65 SCAA의 분류기준이 아닌 것은 무엇인가?

① 샘플 중량　　② 수분 함유량

③ 콩의 무게　　④ 콩의 냄새

66 SCAA의 분류기준에 따른 결점두와 발생 원인이 아닌 것은 무엇인가?

① Shell - 유전적 원인

② Fungus Damaged - 곰팡이의 발생

③ Black Bean - 너무 늦게 수확되거나 흙과 접촉하여 발효된 상태

④ Sour Bean - 미성숙한 상태에서의 수확

67 SCAA의 분류기준에 따른 결점두 중 Floater 의 발생원인은 무엇인가?

① 유전적 원인

② 부적당한 보관이나 건조

③ 불완전한 탈곡

④ 발육기간 동안 수분 부족

68 해충이 파고 들어가 알을 낳은 경우의 결점두를 무엇이라고 하는가?

① Insect Damage

② Floater

③ Broken Chipped/ Cut

④ Hull/ Hust

69 생두는 350g당 Primary Defects가 허용되지 않으며 결점두로 환산하여 5점을 넘지 않아야 한다. 수분함량은 9~13% 이내여야 한다. 이 등급 기준은 무엇인가?

① Off grade(오프 그레이드)

② Specialty grade(스페셜티 그레이드)

③ Premium grade(프리미엄 그레이드)

④ Exchange grade(익스체인지 그레이드)

70 커피 생두의 선도에 대한 설명으로 옳은 것은 무엇인가?

① 쌀에도 묵은쌀, 햅쌀이 있듯이 커피 생두 역시도 선도가 있다.

② 커피의 수확으로부터 1년 이내의 콩을 Old Crop(올드 크롭)이라고 한다.

③ 커피 생두의 수분율이나 모든 성분이 저하된 상태를 New Crop(뉴크롭)이라고 한다.

④ 패스트 크롭의 경우 커피의 배전도는 이론적으로 약배전 정도가 어울린다고 한다.

71 각 나라별 커피의 등급 표시가 잘못된 것은?

① 콜롬비아 – Supremo

② 브라질 – No2

③ 케냐 – AA

④ 에티오피아 – SHG

72 생산지에 따라 생두 분류기준이 다양한데, "스크린 사이즈(Screen size)"에 의한 생두 분류의 설명에 대해 틀린 것은?

① 하와이 코나지방에서는 AA, A, B, C, PB 등의 등급으로 분류한다.

② 스크린 사이즈의 등급은 8 – 20 등이며, 총 13단계로 분류된다.

③ 스크린 사이즈 1은 1/64인치이며, 약 0.4mm에 해당한다.

④ 스크린 사이즈에 의해 분류되는 나라는 콜롬비아, 케냐, 탄자니아 등이다.

73 다음 중 생두의 등급(Grading)을 정하기 위해 고려되어야 하는 조건이 아닌 것은?

① 생두의 크기

② 생두의 밀도

③ 생두의 함수율

④ 생두의 수확시기

74 Quaker(퀘이커)에 대한 설명 중 바르지 않은 것은?

① Quaker는 결점두에 해당되지 않는다.

② Quaker는 체리 수확 시 생기는 결점두이다.

③ Quaker는 생두 가공과정에서 발견하기 어렵다.

④ Quaker는 로스팅 후 발견될 가능성이 크다.

정답									
59	60	61	62	63	64	65	66	67	68
②	④	③	②	④	①	③	④	②	①
69	70	71	72	73	74				
②	①	④	①	④	①				

제7장 세계의 다양한 원두

75 브라질에서 재배하는 아라비카 생두가 아닌 것은 무엇인가?

① 문도노보   ② 버본

③ 수마트라   ④ 코닐론

76 브라질 유일의 세척방식을 이용한 커피 생산지는 어느 곳인가?

① 바이아주

② 미나스제라이스주

③ 상파울루

④ 파라나주

77 브라질 커피의 등급체계로 바르지 않은 것은 무엇인가?

① 커피의 등급체계는 결점두수, 생두크 기, 생두색깔, 맛에 의한 분류이다.

② 수프리모(Supremo)는 Screen Size 14 이상을 나타낸다.

③ Brazil Santos No2에서 Santos는 커 피가 수출되는 항구명으로 일반적으 로 상파울루, 미나스제라이스, 파라 나에서 생산된 생두가 혼합되어 수출 된다.

④ No2는 결점 4개 이하로 고품질의 커 피를 의미한다.

78 케냐의 커피분류로써 Screen size 17/18을 나 타내는 콩을 무엇이라고 부르는가?

① PB

② AA Plus Plus

③ AA

④ AB

79 안티구아에 대한 설명으로 바르지 않은 것 은?

① 3개의 용암 분출구가 있는 계속에 위 치하고 있다.

② 유기농 방식에 의해 커피를 재배하고 있다.

③ 이 지역에서 생산된 커피는 벨벳 과 같은 느낌을 주는 풍부한 Body,

Smoky하고 톡 쏘는 듯한 느낌이 강 한 Aroma가 특징이다.

④ 버본, 카투라, 카투아이종이 주로 재 배된다.

80 블루마운틴에 대한 설명으로 옳은 것은 무엇 인가?

① 자메이카에서 생산된 커피의 50%는 일본으로 수출된다.

② 블루마운틴이 세계 최고의 커피로 인 정받는 이유는 생두의 분류체계와 가 공에 있다.

③ 초콜릿맛과 과일 향을 내는 풍미가 있는 것이 특징이다.

④ 마비스뱅크에 있는 실버힐, 모이홀, 웰렌포드에서 생산된 커피를 '블루마 운틴'이라고 한다.

81 에티오피아 커피가 아닌 것은 무엇인가?

① 오리엔테(Oriente)

② 시다모(Sidamo)

③ 하라(Harrar)

④ 이가체프(Yirgacheffee)

82 커피 재배 방식 중 가든 커피 방식의 설명으 로 옳은 것은 무엇인가?

① 국가나 부농 소유의 대규모 농장에서 생산되는 커피로 전체 생산량의 5% 가량을 차지한다.

② 전체 생산량 중 50%가량을 차지하는 커피로 전량 유기농으로 재배된다.

③ 수확량을 늘리기 위해 농부가 주위의 나무들을 가지치기하거나 1년에 한 번 정도 잡초를 뽑기도 한다.

④ 커피와 다른 작물들을 함께 심지 않는다.

83 예멘 커피의 특징이 아닌 것은 무엇인가?

① 마타르 지역에서 재배된 커피를 지칭하였으나 현재는 그 주변 지역에서 생산된 커피도 모두 '마타리'라는 이름으로 판매되고 있다.

② 사나에서 해안 지방에 걸쳐진 높은 산맥 가운데 두 번째로 높은 봉우리에서 생산된 커피로 가장 품질이 뛰어난 커피는 히라지(Hirazi)이다.

③ 짐마는 높은 Acidity, 풍성한 Body가 일품인 커피로 예멘 커피 수출 중 약 50%를 차지한다.

④ 다마리(Dhamari)는 아니시(Anisi)라고 불리기도 하며 Winey한 맛을 느낄 수 있고 Body감이 매우 풍성하다.

84 케냐 커피에 대한 설명으로 올바르지 않은 것은 무엇인가?

① 1893년 말 프랑스 기독교 전도단의 사제에 의해 에티오피아에서 아덴을 거쳐 유입되어 경작되기 시작하였다.

② 주요 품종은 버본, 켄트, 티피카, 리우리 11 등이다.

③ 버본은 스카티시(Scottish), 프렌치미션(French Mission) 등으로 불리기

도 한다.

④ 재배 종족명에서 빌려온 토라자라는 이름하에 판매되는 커피도 있다.

85 하와이 빅아일랜드(Big Island) 지역의 커피에 대한 설명으로 옳은 것은 무엇인가?

① 유명한 코나가 생산되는 지역이다.

② 수확은 메커니컬 피킹 방식으로 이루어진다.

③ 85%가량은 카투아이 아마렐로종을 나머지는 타이피카, 문도노보, 산라몬, 이카투종을 재배한다.

④ 1900년대 후부터 재배되기 시작했으며 현재 600여 개의 크고 작은 농장에서 생산된다.

정답									
75	76	77	78	79	80	81	82	83	84
④	①	②	③	②	④	①	②	③	④
85									
①									

제8장 특수커피

86 디카페인 커피의 설명으로 바르지 않은 것은 무엇인가?

① 카페인은 커피의 특성성분 중 하나이다.

② 카페인 함유량은 품종과 산지에 따라 다르나 원두 기준으로 아라비카는 약 1%이고 로부스타는 약 2%이다.

③ 디카페인 커피란 카페인 성분을 제거한 커피로 카페인에 대한 부정적인

시각으로 인해 고안되었다.

④ 1819년에 독일의 화학자 룽게에 의해 최초로 카페인 제거 기술이 개발되었다.

87 디카페인 커피의 제조공정 중 물 추출법의 특성이 아닌 것은 무엇인가?

① 추출속도가 빨라 회수 카페인의 순도가 높다.

② 유기용매가 직접 생콩에 접촉하지 않아 안전하고 경제적이다.

③ 97~99%의 카페인이 제거된다.

④ 가장 많이 사용된다.

88 다음 중 디카페인 커피(Decaffeinated coffee)의 카페인 추출방법이 아닌 것은?

① 용매 추출법　② 물 추출법

③ 초임계 추출법　④ 증류 추출법

89 코피루왁의 특징이 아닌 것은 무엇인가?

① 코피는 인도네시아어로 커피를 뜻하며 사향고양이에 의해 생산된 커피라는 뜻이다.

② 고양이가 먹어서 과육은 소화되고 파치먼트에 둘러싼 생두는 딱딱하여 소화되지 않고 배설된다.

③ 화학 비료나 농약을 사용하지 않고 재배한 커피로 웰빙이라는 트렌드에 힘입어 소비가 급격히 늘어나고 있는 추세이다.

④ 극소량만 생산되어 매우 귀한 커피로 비싼 가격에 팔리고 있다.

90 공정한 거래 즉 생산자와 소비자와의 직거래, 최저 가격 보장, 장기간의 거래 등을 통해 생산자를 돕자는 취지에서 거래되는 이 커피를 무엇이라고 하는가?

① 오가닉 커피(Organic Coffee)

② 향 커피(Flavored Coffee)

③ 쿠바 크리스탈 마운틴(Cuba Crystal Mt.)

④ 페어트레이드 커피(Fair-Trade Coffee)

91 네덜란드 식민지였던 자바섬에서 찬물로 커피를 내리는 방식을 칭하는 말로 커피의 눈물이라고도 하는데 찬 물방울이 오랜 시간 커피를 여과하여 만들어지기 때문이다. 이 더치커피를 다른 말로 무엇이라고 하는가?

① 워터 드립커피(Water Drip Coffee)

② 페어트레이드 커피(Fair-Trade Coffee)

③ 향 커피(Flavored Coffee)

④ 오가닉 커피(Organic Coffee)

92 오가닉 커피(Organic Coffee)의 특징이 아닌 것은 무엇인가?

① Shade grown coffee의 재배방식이 이용된다.

② 유기농 커피는 특별히 맛이 좋다.

③ 버드프렌들리 커피(Bird-Friendly coffee)라고도 한다.

④ 화학 비료나 농약을 시용하지 않고 재배한 커피이다.

93 더치커피(Dutch Coffee)의 특징이 아닌 것은 무엇인가?

① 네덜란드 상인들에 의하여 오랫동안 커피를 보관해서 마시고자 하는 생각에서 고안된 추출법이다.

② 더치기구를 이용하여 4~12시간 추출한다.

③ 카페인이 짙으며 견과류의 아로마를 느낄 수 있다.

④ 커피의 눈물이라고도 한다.

94 향 커피(Flavored Coffee)의 특징이 아닌 것은 무엇인가?

① 향이 날아가도록 오래 묵히거나 향미가 떨어지는 저급커피를 사용한다.

② 헤이즐넛, 아이리쉬크림, 라즈베리초코 등 사용된 향 물질의 이름을 따서 커피명을 만든다.

③ 헤이즐넛이란 개암나무 열매를 의미한다.

④ 커피의 유통과정이 짧아 신선함이 유지되어야 한다.

95 구르멧(Gourmet) 커피가 아닌 것은 무엇인가?

① 인도네시아 헤이즐넛

② 자마이카 블루마운틴

③ 하와이 코나

④ 예멘 모카

96 과테말라 커피가 아닌 것은 무엇인가?

① 안티구아(Antigua)

② 따라주(Tarrazu)

③ 코반(Coban)

④ 우에우에테낭고(Huehuetenango)

97 하와이안 코나의 설명으로 바르지 않은 것은 무엇인가?

① 트로피컬한 좋은 향기 가운데 예민한 신맛이 있는 완성도 높은 커피이다.

② 가장 큰 알멩이로 결점두가 적은 것을 Extra Fancy라 분류한다.

③ 하와이 정부에서는 Kona Blend 커피는 코나 커피를 30% 이상 blend하기를 권장한다.

④ 오리지날 코나 커피는 Mauna Loa 언덕에서 작은 농장들에 의해 생산되고 있다.

98 일명 '에티오피아 모카'라고도 하며 쓴맛이 있지만 부드러운 산미와 블루베리의 향이 어우러지는 풍미를 내는 이 커피는 무엇인가?

① 엑셀소   ② 버본 산토스

③ 셀레베스 토라자   ④ 짐마

99 예멘 모카 커피에 대한 설명으로 바르지 않은 것은 무엇인가?

① 오리지널 모카의 특징은 모양이나 크기가 일정하고 깨끗한 것이 특징이다.

② 케냐 커피와 같이 산뜻한 맛에 강한 신맛을 가지고 표현하기 어려운 자극적이고 이국적인 풍미가 있다.

③ 향은 초콜릿 향이 있으며 독특한 개성이 있다.

④ 원두에 카페인이 적게 함유되어 있다.

100 몬순 말라바르 커피(Monsooned Malabar Coffee)에 대한 설명으로 바르지 않은 것은 무엇인가?

① 자연건조법으로 가공한 생두를 계절풍에 노출시켜 숙성한다.

② 커피콩이 아주 커서 일명 엘리펀트빈이라고도 한다.

③ 바디가 묵직하고 발효된 것처럼 달콤한 맥아의 풍미를 낸다.

④ 해풍에 노출되어 생두들이 습기를 머금게 되어 크기가 크고 빛깔은 노란색으로 변하며 벌레들에 의해 손상되는 것을 방지하기 위해 훈증한다.

101 마이소레 커피에 대한 설명으로 바르지 않은 것은 무엇인가?

① 과테말라 커피의 특징에다 독특한 향신료의 풍미가 조화를 이루고 있다.

② 인도 커피의 80%가 생산되는 카르나타카 지역의 과거 명칭이다.

③ 산도는 적고 묵은 맛과 향이 나는 독특한 맛이 특징이다.

④ 다른 커피에 비해 카페인이 현저하게 적다고 한다.

102 타파출라 커피에 대한 설명으로 옳은 것은 무엇인가?

① 콜롬비아산 최상급 커피를 말한다.

② 코스타리카산 최상급 커피이다.

③ 시다모와 마찬가지로 에티오피아산 최상급이다.

④ 멕시코산 상급 커피이다.

103 우리나라에서 '비엔나 커피'라 불리는 것을 오스트리아에서는 찾아볼 수 없다. 오스트리아에서 유래된 이 커피의 이름은 무엇인가?

① 아이리시 커피(Irish Coffee)

② 아인슈패너(Einspanner)

③ 깔루아커피(Kahlua Coffee)

④ 카푸치노(Cappuccino)

정답

86	87	88	89	90	91	92	93	94	95
④	③	④	③	④	①	②	③	④	①
96	97	98	99	100	101	102	103		
②	③	④	①	②	③	④	②		

II. 로스팅과 블렌딩

제9장 로스팅과 블렌딩

01 로스팅에 대한 설명으로 바르지 않은 것은 무엇인가?

① 커피가 지니고 있는 맛과 향을 표현하는 물리적, 화학적 과정이다.

② 생두가 가지고 있는 수분을 정도에 맞게 최대한 방출시키는 과정이다.

③ 생두의 조직을 최대한 벌어지게 만드는 과정이다.

④ 분쇄한 후 추출을 통해서는 로스팅의 정도를 알 수 없다.

02 다음 설명은 어떠한 로스팅 방법을 나타내는 것인가?

> 가정에서 쉽게 볶아서 신선한 커피 맛과 향을 즐길 수 있는 방식으로 커피 마니아 사이에 호평받는 기구이다. 여러 번 반복해서 연습하면 균일한 원두의 색깔을 얻을 수 있고 조직을 잘 벌어지게 할 수 있다.

① 수망 로스터
② 가스 직화 로스터
③ 가스 반열풍식 로스터
④ 열풍식 로스터

03 다음 설명은 어떠한 로스팅 방법을 나타내는 것인가?

> 드럼 표면에 직접 열량을 공급함과 동시에 드럼 후면에 있는 미세한 구멍을 통해 뜨거운 열풍도 같이 전달한다. 안정적인 커피 맛과 향을 표현할 수 있으며, 균일한 원두의 색을 만들 수 있다. 그러나 화력, 시간의 밸런스에 따라 맛이 상당히 변하게 되므로 강한 개성이 감소한다는 특징이 있다.

① 수망 로스터
② 가스 직화 로스터
③ 가스 반열풍식 로스터
④ 열풍식 로스터

04 다음 설명은 어떠한 로스팅 방법을 나타내는 것인가?

> 순수한 열풍만을 이용함으로써 균일한 로스팅을 할 수 있으며 대량 생산 공정에 주로 사용된다. 단, 개성적인 커피 맛을 표현하기는 조금 어렵다는 단점이 있으나 균일한 맛을 표현하기에 용이하다.

① 수망 로스터
② 가스 직화 로스터
③ 가스 반열풍식 로스터
④ 열풍식 로스터

05 로스팅되는 원두에서 발생되는 현상으로 틀린 것은?

① 부피가 늘어나고 무게가 무거워진다.
② 수분이 증발된다.
③ 무거운 가스가 빠져 나간다.
④ 원두의 크기가 커진다.

06 커피 배전 시 일어나는 물리적 현상으로 옳지 않은 것은?

① 온도의 상승으로 원두와 실버스킨이 분리됨
② 수분이 증발하고 내부 조직이 팽창되면서 1차 크랙 발생
③ 1차 크랙 발생 후 2차 크랙 발생
④ 원두의 크기에 변화가 없다.

07 단종 블렌딩(Blending After Roasting) 특성으로 옳은 것은 무엇인가?

① 생두의 특성을 최대한 발휘할 수 있다.
② 로스팅 컬러가 균일하다.
③ 재고부담이 적다.
④ 균일한 커피 맛을 낼 수 있다.

08 로스팅 된 정도에 따른 맛의 기준이다. 다음은 어떤 맛에 대한 설명인가?

쓴맛의 질이 강하고 자극적이며 혀에 남는다. 탄 것 같은 향미가 있고 그을린 듯한 맛도 느껴진다. 로스트의 상향으로써 이 이상 볶으면 향미를 잃는다. 생콩 그 자체의 향미가 아니고, 로스트에 의한 향미가 나와 버린다.

① 프렌치　　② 이탈리안
③ 라이트　　④ 미디엄

09 로스트 된 정도가 얇고 맛이 깊지 않으며 1차 진행이 된 정도의 원두 상태를 무엇이라고 하는가?

① 시나몬　　② 라이트
③ 미디엄　　④ 하이

10 로스팅할 때 주의 사항으로 바르지 못한 것은 무엇인가?

① 로스팅 하기 전 머신을 충분히 예열시킨다.
② 처음과 두 번째 로스팅 과정까지는 약 50%, 그 후에는 80%의 생두를 투입한다.
③ 1kg의 로스팅 머신을 기준으로 최대 생두 투입량은 800g, 최소 투입량은 300g이다.
④ 투입량이 다른 이유는 드럼의 내부와 외부의 열량을 균일하게 만들기 위함이다.

11 로스팅 시 컬러의 변화로 올바른 것은 무엇인가?

① Green-〉 Yellow-〉 Light Brown-〉 Cinnamon-〉 Medium Brown-〉 Dark Brown-〉 Dark
② Green-〉 Cinnamon -〉 Yellow-〉 Light Brown-〉 Medium Brown-〉 Dark Brown-〉 Dark
③ Green-〉 Yellow-〉 Cinnamon-〉 Light Brown-〉 Dark Brown-〉 Medium Brown-〉 Dark
④ Green-〉 Yellow-〉 Cinnamon-〉 Light Brown-〉 Medium Brown-〉 Dark Brown-〉 Dark

12 로스팅 시 향의 변화에 대한 설명으로 올바른 것은 무엇인가?

① 생두향 -〉 단향 -〉 단향과 신향 -〉 신향 -〉 신향과 커피 고유의 향 -〉 커피 고유의 향 -〉 향의 감소 -〉 향의 소멸
② 생두향 -〉 신향 -〉 신향과 단향 -〉 단향 -〉 단향과 커피 고유의 향 -〉 커피 고유의 향 -〉 향의 감소 -〉 향의 소멸
③ 단향 -〉 원두향 -〉 단향과 원두향 -〉 신향 -〉 신향과 커피 고유의 향 -〉 커피 고유의 향 -〉 향의 감소 -〉 향의 소멸
④ 생두향 -〉 신향 -〉 신향과 단향 -〉 단향 -〉 신향과 커피 고유의 향 -〉 커피 고유의 향 -〉 향의 감소 -〉 향의 소멸

13 조밀도가 강하면서 수분함량이 많은 생두의 경우 로스팅 되는 모양의 변화에 대해 바르지 않은 것은 무엇인가?

① 1차 크랙 단계에서 원두 표면에 많은

주름이 생기게 된다.

② 원두 조직을 벌리는데 어려움이 적어 비교적 쉽게 로스팅할 수 있다.

③ 원두 표면의 주름은 2차 크랙이 진행되면서 완전히 펴지게 된다.

④ 원두의 내·외부 조직의 벌어짐을 최대화시켜 커피의 맛과 향을 이끌어내는 것이다.

14 블렌딩(Blending) 커피의 장점으로 맞는 것은?

① 단종커피의 고유한 맛과 향을 강조하면서도 좀 더 깊고 조화로운 향미를 창조할 수 있다.

② 개인의 취향에 따라 원두의 종류와 혼합비율을 달리할 수 있다.

③ 스트레이트 커피로 즐기기에 부족한 커피와 고급 아라비카 커피를 혼합하여 맛과 향의 상승효과를 낼 수 있다.

④ 모든 커피의 배전을 같게 하여 균형잡힌 맛을 낼 수 있다.

15 로스팅 과정 중 Yellow단계에 대한 설명으로 틀린 것은 무엇인가?

① 본격적으로 물리·화학적으로 변화하기 시작하는 시기이다.

② 색상은 녹색에서 노란색으로 향은 생두의 고유한 향에서 단향으로 변화된다.

③ 발열반응 중 마지막 단계로 강한 커피향이 느껴진다.

④ 품종에 따라 신맛이 강하고, 곡물 맛,

비릿한 맛이 나기도 하며 바디감은 거의 느끼기 어렵다.

16 1차 크랙에 대한 설명으로 바르지 못한 것은 무엇인가?

① 로스팅 시 처음으로 '티딕티딕' 소리가 나는데 이때가 발열반응의 마지막 단계이다.

② 이때 신향이 강하며 코끝을 강하게 자극하기도 하고 과일의 상큼한 신향, 자극적인 매운 향 등 여러 향이 다양하고 복잡하게 나타난다.

③ 흡열이 충분히 이루어진 원두의 조직이 벌어지면 크랙이 들리게 된다.

④ 커피 맛은 신맛이 안정되고 풍부해지며 바디감이 점점 강해지기 시작한다.

17 2차 크랙에 대한 설명으로 바르지 못한 것은 무엇인가?

① 원두조직이 최대한으로 팽창되어 1차 크랙 때보다 더욱 강한 커피향이 되며 향은 최고치를 이룬다.

② 커피가 가지고 있는 여러 성분 중 지방 성분이 원두표면으로 표출되어 윤기가 나며 반질반질해진다.

③ 로스팅 공부를 하다 보면 자신의 의지와 무관하게 이 단계에 이르는 실수를 저지를 때가 있다.

④ 그 후 원두의 팽창은 멈추게 되고 커피 향의 발산도 줄어들기 시작한다.

18 Baked Bean의 설명으로 바르지 않은 것은 무엇인가?

① 온도는 높고 로스팅 시간이 짧은 경우

② 투입량에 비해 너무 낮은 온도로 로스팅한 경우

③ 로스팅 과정 중 갑작스럽게 고온 로스팅을 하는 경우

④ 발열 반응인 1·2차 크랙 시점에서 화력 조절에 실패한 경우

19 로스팅 후 Raw Nut의 설명으로 바르지 않은 것은 무엇인가?

① 발열반응 시점에서 투입된 열량이 부족한 경우

② 수분이 많은 생두를 라이트 로스트 정도로 볶은 경우

③ 투입량에 비해 너무 낮은 온도로 로스팅한 경우

④ 저온으로 로스팅을 짧게 한 경우

20 로스팅되는 원두에서 발생되는 현상으로 틀린 것은?

① 부피가 늘어나고 무게가 무거워진다.

② 수분이 증발된다.

③ 무거운 가스가 빠져 나간다.

④ 원두의 크기가 커진다.

21 블렌딩(Blending)을 하는 이유로 바르지 않은 것은 무엇인가?

① 새로운 맛과 향을 창조하기 위하여

② 차별화된 커피를 만들기 위하여

③ 원두의 유통기간을 늘리기 위하여

④ 원가 절감을 위하여

22 블렌딩(Blending)에 대한 설명으로 올바른 것은 무엇인가?

① 품종이 같은 원두들을 위주로 조합하여 블렌딩해야 한다.

② 동일 국가인데 지역이 다른 경우에는 포함되지 않는다.

③ 로스팅 정도를 8단계로 분류했을 때 2단계 이상 차이가 나는 것은 좋지 않다.

④ 가장 일반적인 방법으로 원산지가 달라 그 맛과 향의 특성이 크게 차이가 나는 경우로 새로운 맛을 창조할 가능성이 매우 크다.

23 블렌딩(Blending) 과정에 대한 설명으로 바르지 않은 것은 무엇인가?

① 드립용 커피인지 아니면 에스프레소용 커피인지는 구분해야 한다.

② 커피의 개성이 약해 다른 생두들과 섞었을 때 잘 어울릴 수 있는 특성을 가진 커피를 선택하는 데 대표적인 것이 과테말라 커피이다.

③ 바디가 강한 커피 그룹으로 단맛을 표현할 수 있으며 애프터테이스트를 강화시킬 수 있다.

④ 신맛과 향이 좋은 그룹으로 선택할 수 있다.

24 최초의 블렌딩 커피는 무엇인가?

① Santos-Supremo

② Sidamo-Harrar

③ Mocha-Java

④ Bourbon-Typica

25 커피 배합 비율을 결정하는 하는 방법으로 효율적으로 할 수 있는 방법은 무엇인가?

① 핸드드립   ② 에스프레소 추출

③ 더치커피 추출   ④ 커핑

26 원산지 명칭을 딴 블렌딩 시 그 지역의 커피를 적어도 몇 % 이상 블렌딩하는 것이 좋은가?

① 5% 이상   ② 10% 이상

③ 20% 이상   ④ 30% 이상

27 블렌딩(Blending) 시 주의할 사항으로 옳은 것은 무엇인가?

① 블렌딩에 사용되는 커피의 수는 제한이 없다.

② 현실적으로 9종을 블렌딩하는 것이 가장 좋다.

③ 지나치게 특수한 커피를 블렌딩하는 것이 좋다.

④ 커피의 성격이 유사한 커피는 중복해서 사용하는 것이 좋다.

28 로스팅 시 열 전달 방식으로 틀린 것은 무엇인가?

① 전도   ② 전달

③ 대류   ④ 복사

29 로스팅 후 원두의 변화 중 바르지 않은 것은 무엇인가?

① 부피가 커진다.

② 수분량이 줄어든다.

③ 무게가 무거워진다.

④ 밀도가 작아진다.

30 블렌딩 시 신맛과 과일향을 얻기 위하여 첨가되어야 하는 커피는 무엇인가?

① 콜롬비아 수프리모

② 브라질 산토스

③ 베트남 블루드레곤

④ 에티오피아 시다모

31 로스팅이 끝났을 때 변화하는 성분은 무엇인가?

① 질소   ② 셀룰로오스

③ 카페인   ④ 펙틴

32 로스팅 된 커피의 산화현상을 억제하기 위하여 차단해야 할 요소가 아닌 것은 무엇인가?

① 자외선   ② 질소

③ 산소   ④ 습기

33 로스팅의 과정 중 바르지 않은 단계는 무엇인가?

① 냉각단계   ② 건조단계

③ 세척단계   ④ 로스팅단계

34 블렌딩(Blending)에 대한 설명으로 바르지 않은 것은 무엇인가?

① 원두의 특성을 적절하게 배합하여 균형 잡힌 맛과 향을 내는 것을 말한다.

② 원두의 가짓수는 3~5가지 안의 범위에서 선택하는 것이 좋다.

③ 쓴맛을 강조하고 싶을 때는 로부스타 종을 사용한다.

④ 블렌딩은 로스팅 전에만 가능하다.

35 로스팅 과정 중 건조단계에 대한 설명으로 맞는 것은 무엇인가?

① 수분이 소실되고 드럼의 온도가 상승된다.

② 황록색이 유지된다.

③ 화력은 210℃ 이상을 유지한다.

④ 처음부터 빵 굽는 향이 난다.

36 커피 로스팅 정도를 나타내는 용어로 바르지 않은 것은 무엇인가?

① Cinnamon　　② Heavy City

③ French　　　④ Italian

37 로스팅에 대한 설명으로 바르지 않은 것은 무엇인가?

① 로스팅 후에는 즉시 냉각의 과정을 거쳐야 한다.

② 원두의 색상은 본래 녹색을 띠고 있으며 로스팅을 하면서 점점 흑갈색으로 변화한다.

③ 로스팅의 단계는 9단계로 구분할 수 있다.

④ 로스팅 후 탄산가스의 방출을 위해 냉각 후 2~3일 숙성기간을 거쳐 진공포장한다.

38 로스팅 단계 중 건조 단계에서 나오는 향이 아닌 것은 무엇인가?

① 단향　　　　② 빵굽는 향

③ 신향　　　　④ 초콜릿향

39 한 가지 생두만을 사용하여 동일하게 로스팅한 커피는 무엇인가?

① 스트레이트 커피(Straight coffee)

② 믹스커피(Mix coffee)

③ 블렌딩 커피(Blending coffee)

④ 드립커피(Dripped coffee)

40 댐퍼(Damper)의 기능으로 바르지 않은 것은 무엇인가?

① 드럼 내부의 공기 흐름을 조절하는 기능

② 흡열과 발열반응을 조절하는 기능

③ 은피를 배출하는 기능

④ 드럼내부의 열량을 조절하는 기능

41 커피 로스팅 과정에서 2차 크랙이 나타나는 시기의 온도는 몇 도인가?

① 140~145℃　　② 150~170℃

③ 180~190℃　　④ 200~210℃

42 생두의 탄수화물(Carbohydrates)은 로스팅에 의해서 어떻게 변화되는가?

① Polysaccharides　　② Proteins

③ Sucrose   ④ Monosaccharide

43 로스팅에 의해서 생두는 갈변현상을 보이는데 영향을 미치지 않는 것은 무엇인가?

① 단백질   ② 지방

③ 탄수화물   ④ 아미노산

44 로스팅되면 생두의 지방은 얼마나 증가하는가?

① 약 1%   ② 약 4%

③ 약 8%   ④ 약 16%

45 로스팅되는 원두에서 발생되는 현상으로 틀린 것은?

① 부피가 늘어나고 무게가 무거워진다.

② 수분이 증발된다.

③ 무거운 가스가 빠져 나간다.

④ 원두의 크기가 커진다.

46 커피 그라인더 선택 시 우선적으로 고려할 사항으로 바르지 않은 것은 무엇인가?

① 분쇄 입자의 균일성 여부 확인

② 분쇄 시 과도한 열이 발생하는지에 대한 확인

③ 커피 분쇄 시 속도의 적절성 여부 확인

④ 커피 분쇄 입도 조절의 조작 버튼 확인

47 로스팅한 후 블렌딩하는 방법에 대한 설명으로 바르지 않은 것은 무엇인가?

① 커피 특성에 차이가 적은 경우 적합한 방식이다.

② 커피 종류만큼 로스팅해야 하는 번거로움이 있다.

③ 블렌딩 후 단종별로 재고가 발생할 수 있다.

④ 블렌딩 커피의 색상이 불균일하다.

48 블렌딩 후 로스팅하는 방법에 대한 설명으로 바르지 않은 것은 무엇인가?

① 커피의 특성에 차이가 많은 경우 적용이 어렵다.

② 최초의 적정한 블렌딩 비율을 결정할 때 사용하는 방법이다.

③ 항상 한번만 로스팅하므로 편리하다.

④ 블렌딩 후 로스팅하는 동안 커피의 플레이버가 통일성을 가질 수 있는 장점이 있다.

49 커피를 블렌딩할 때 기본으로 바르지 못한 것은 무엇인가?

① 사용하는 커피를 특성별로 분류해야 한다.

② 로스팅 단계와 특징별로 분류해야 한다.

③ 사용하는 생두의 안정적 확보를 염두에 두어야 한다.

④ 커피의 품질이 한 종류 이상은 뛰어나야 한다.

50 다음의 블렌딩은 어떤 맛의 커피를 이용할 때 가장 적절한 것인가?

> 브라질 Natural(40%) + 에티오피아 Yirgacheffee(15%) + 과테말라(Antigua) + 콜롬비아 Huila(25%)

① 강한 향과 풀바디의 커피, 라떼나 아메리카노

② 바디가 강하며 단맛이 좋음, 라떼나 베리에이션용

③ 신맛과 부드러운 뒷맛을 느낌, 아메리카노

④ 풍부한 향과 부드러운 신맛, 라떼나 아메리카노

정답

1	2	3	4	5	6	7	8	9	10
④	①	③	④	①	④	①	②	①	③
11	12	13	14	15	16	17	18	19	20
④	④	②	②	③	①	③	②	①	①
21	22	23	24	25	26	27	28	29	30
③	④	③	③	④	④	①	②	③	④
31	32	33	34	35	36	37	38	39	40
①	②	④	④	①	②	③	④	①	②
41	42	43	44	45	46	47	48	49	50
④	①	②	②	①	④	①	②	④	③

Ⅲ. 커피 추출

제10장 추출에 관한 기초이론

01 커피의 추출방법과 이에 관련되는 보기가 적적하게 연결되지 않은 것은?

① 가압추출법-에스프레소

② 여과법-핸드 드립

③ 우려내기-프렌치 프레스

④ 달임법-프렌치 커피

02 커피를 추출할 때 향미에 영향을 주는 것으로 바르지 않은 것은 무엇인가?

① 원두의 로스팅 정도

② 커피를 마시는 사람의 기호도

③ 분쇄된 커피의 가루

④ 추출 시 사용하는 도구

03 신선한 커피를 핸드 드립으로 추출하면 표면이 부풀어오르거나 추출액 표면에 거품이 생기는 이유는 커피에 함유된 어떤 성분에 의한 것일까?

① 유기산   ② 탄산가스

③ 지질   ④ 아미노산

04 침지식의 방식으로 이용되는 기구가 아닌 것은 무엇인가?

① 퍼컬레이터(Percolator)

② 배큐엄 브루어(Vacuum brewer)

③ 터키식 커피(Turkish coffee)

④ 에스프레소(Espresso)

05 다음 추출방식은 어떤 방식에 대한 설명인가?

> 추출 용기 안에 물과 커피가루를 섞은 후 가열하여 커피 성분이 추출되도록 하는 방식

① 달이기   ② 우려내기

③ 삼출   ④ 진공여과

06 커피 추출 시 상대적으로 가장 적은 영향을 주는 요소는 무엇인가?

① 수질　　② 잔의 형태

③ 물의 온도　　④ 원두의 질

① 산소　　② 분쇄입도

③ 온도　　④ 탄산가스

07 커피의 맛을 느낄 때 가장 적당한 온도는 몇 도인가?

① 80℃　　② 75℃

③ 65℃　　④ 55℃

08 다음 추출기구 중 가장 작은 커피 분쇄 입자를 사용하여 추출해야 하는 것은 무엇인가?

① 이브릭　　② 에스프레소

③ 사이펀　　④ 페이퍼 드립

09 커피를 추출하는 4가지 기구 중 원두를 가장 굵게 분쇄해야 하는 것은 무엇인가?

① 에스프레소 머신

② 프렌치 프레스

③ 모카 포트

④ 이브릭

10 커피 산패에 대한 설명으로 바르지 않은 것은 무엇인가?

① 산소와의 접촉이 많을수록 산패가 빨라진다.

② 습도가 높을수록 산패가 빨라진다.

③ 온도가 낮을수록 산패가 빨라진다.

④ 로스팅 정도가 강할수록 산패가 빨라진다.

11 커피가 산패되는 요인으로 바르지 않은 것은 무엇인가?

12 불활성 가스 포장에 일반적으로 사용되는 것은 무엇인가?

① 질소가스　　② 탄산가스

③ 헬륨가스　　④ 도시가스

13 다음과 같은 포장방법은 무엇이라고 하는가?

> 1960년대 후반 이태리의 기술자 Luigi Goglio에 의해 개발되었으며 One-way valve에 의하여 탄산가스가 방출되는 동안 산소와 습기의 유입을 방지하여 커피의 유통기한을 연장할 수 있다.

① 불활성 가스 포장

② 밸브 포장

③ 진공 포장

④ 필름 포장

14 원두를 분쇄하는 이유로 적절한 것은 무엇인가?

① 커피의 성분을 최대한 빠르게 뽑아내기 위해서

② 원가의 절감을 위하여

③ 물에 접촉되는 커피 표면적의 증가를 위하여

④ 짧은 시간에 효율적인 서비스를 위하여

15 커피원두 분쇄에 대한 설명으로 바르지 않은 것은 무엇인가?

① 입자가 가늘수록 커피의 성분이 많이 추출된다.

② 입자가 굵을수록 물의 통과 시간이 빨라져 커피 성분이 적게 추출된다.

③ 물과의 접촉시간이 길수록 굵은 분쇄를 해야 한다.

④ 온도가 높을수록 분쇄의 크기를 가늘게 해야 한다.

16 그라인더의 설명으로 바르지 않은 것은 무엇인가?

① 칼날형 - 간격식으로 고른 분쇄가 가능하다.

② 원뿔형 - 회전수가 적어 열 발생이 적으나 분쇄 속도가 느리다.

③ 평면형 - 커피 원두가 버(burr)라고 부르는 두 개의 금속판 사이를 통과하면서 분쇄하는 방식이다.

④ 롤형 - 많은 용량을 분쇄해야 하는 산업용 그라인더에서 많이 사용하는 형태이다.

17 분쇄 시 유의할 점으로 바르지 않은 것은 무엇인가?

① 추출하고자 하는 기구의 특성에 맞는 크기의 입자로 분쇄를 해야 한다.

② 커피의 맛에 영향을 주는 미분이 많이 발생하도록 한다.

③ 열의 발생을 최소화해서 분쇄 입도가 고르도록 한다.

④ 가능하면 추출하기 직전에 원두를 분쇄해야 한다.

18 물에 대한 설명으로 바르지 않은 것은 무엇인가?

① 물은 크게 경도에 따라 연수와 경수로 구분된다.

② 커피 추출에 사용되는 물은 물의 경도에 따라 커피 맛이 달라진다.

③ 연수일 때 커피의 맛이 가장 좋은 것으로 알려져 있다.

④ 경수는 볼륨감과 쓴맛을 느낄 수 있는 것이 특징이다.

19 추출 시 물의 온도가 높을수록 강해지는 맛은 무엇인가?

① 단맛　　　　② 매운맛

③ 짠맛　　　　④ 쓴맛

20 커피추출의 삼대 원리이다. 순서가 올바른 것은 무엇인가?

① 침투 -> 용해 -> 분리

② 용해 -> 침투 -> 분리

③ 용해 -> 분리 -> 침투

④ 분리 -> 침투 -> 용해

21 추출방식 중 사이펀 추출방식이라고도 하며 커피가 만들어지는 과정을 지켜볼 수 있는 시각적 효과가 좋은 커피 추출방법을 무엇이라고 하는가?

① 드립여과(Drip filtration)방식

② 진공여과(Vacuum filtration)방식

③ 달임(Decoction)방식

④ 삽출(Percolation)방식

22 추출 시 커피의 향을 풍부하고 조화된 맛을 느낄 수 있도록 하는 가용성 성분(soluble solids)은 몇 % 정도인가?

① 10~13% ② 14~17%

③ 18~22% ④ 23~27%

23 커피의 가용성분 중 실제로 커피에 추출된 비율은 무엇인가?

① 추정수율 ② 수용비율

③ 가용수율 ④ 추출수율

24 커피를 맛있게 마시는 조건으로 바르지 않은 것은 무엇인가?

① 마일드한 커피를 마실 때는 일직선 타입의 컵과 두께가 두꺼운 컵을 사용해야 한다.

② 커피의 마일드한 맛을 표현하고자 할 때는 칼리타 드리퍼로 추출하며 진한 맛을 원할 때는 융으로 추출하는 것이 좋다.

③ 커피를 마실 때 적정 온도는 65~70℃가 가장 좋은 것으로 알려져 있다.

④ 커피 1인분의 기준은 커피 10g을 물 150cc로 추출하게 된다.

25 커피의 맛을 가장 좋게 만드는 물의 종류는 무엇인가?

① 연수 ② 약경수

③ 경수 ④ 고경수

26 커피 산패에 대한 설명으로 바른 것은 무엇인가?

① 산패는 부패와 같은 뜻이다.

② 커피가 산소와 결합하여 썩는 것이다.

③ 커피가 공기 중의 산소와 결합하여 산화되는 것으로 맛과 향에 변화를 준다.

④ 커피가 산소와 결합해도 커피와 향에는 아무런 변화를 주지 않는다.

27 산패의 주요 원인이 아닌 것은 무엇인가?

① 분쇄입도 ② 로스팅 정도

③ 물의 온도 ④ 원두의 밀도

28 원두를 보관하는 방법에 대한 설명으로 바르지 않은 것은 무엇인가?

① 햇볕이 잘 드는 곳에 보관한다.

② 공기와의 접촉을 최소화한다.

③ 추출할 수 있는 분량만큼만 구입하여 보관하는 것이 바람직하다.

④ 갈지 않은 상태에서 보관하는 것이 바람직하고 추출할 때마다 조금씩 원두를 갈아서 사용한다.

29 커피를 가장 오래 보관할 수 있는 포장법은 무엇인가?

① 진공포장 ② 질소가압포장

③ 밸브포장 ④ 지퍼백

30 원두를 보관하는데 보존기간이 가장 짧은 포장 방법은 무엇인가?

① 질소포장 ② 공기포장

③ 탈산소제 포장 ④ 진공포장

정답

1	2	3	4	5	6	7	8	9	10
④	②	②	④	①	②	③	①	②	③
11	12	13	14	15	16	17	18	19	20
④	①	②	③	④	①	②	③	④	①
21	22	23	24	25	26	27	28	29	30
②	③	④	①	②	③	④	①	②	②

제11장 다양한 추출도구와 추출법

31 가장 오래된 추출기구로 여과를 하지 않고 커피입자를 에스프레소보다 더 가늘게 분쇄해서 이용하는 이 기구의 이름은 무엇인가?

① 사이펀(Syphon)
② 워터드립(Water drip)
③ 터키식(Ibrik)
④ 융(Flannel)

32 많은 커피 성분이 컵 안에 남게 되어 바디가 강한 커피를 추출할 수 있는 이 기구는 무엇인가?

① 워터드립(Water drip)
② 멜리타(Melitta)
③ 모카포트(Moka pot)
④ 프렌치 프레스(French press)

33 가정에서 손쉽게 에스프레소를 즐길 수 있는 추출기구로써 불에 직접 올려놓고 가열하는 직화식의 추출기구이다. 이 기구는 무엇인가?

① 모카포트(Moka pot)
② 멜리타(Melitta)
③ 사이펀(Syphon)
④ 터키식(Ibrik)

34 추출구가 세 개이며 리브가 촘촘하게 설계되어 있는 이 드리퍼의 명칭은 무엇인가?

① 멜리타(Melitta) ② 칼리타(Kalita)
③ 고노(Kono)   ④ 하리오(Hario)

35 카페인의 양이 가장 적게 추출되는 기구는 무엇인가?

① 에스프레소 머신
② 이브릭
③ 핸드드립
④ 워터드립

36 배큐엄 브루어(Vacuum Brewer)의 설명으로 바르지 않은 것은 무엇인가?

① 일본에서는 사이펀이라고 부른다.
② 가압여과 추출 방식을 변형한 것이다.
③ 증기압을 이용하여 진공식 추출이라고도 한다.
④ 사용되는 열원은 알코올램프, 할로겐 램프와 가스스토브가 있다.

37 워터드립(Water drip)의 설명으로 바르지 않은 것은 무엇인가?

① 더치커피(Dutch coffee)라고도 불린다.
② 카페인이 소량만 추출된다.
③ 물의 맛이 중요한 역할을 하며 뜨거운 물로 장시간 추출한다.
④ 분쇄도는 드립과 에스프레소의 중간 정도이며 물은 2~3초에 한 방울씩 떨어뜨린다.

38 모카포트(Moka Pot)의 추출 시 주의해야 할 사항으로 바르지 않은 것은 무엇인가?

① 하단 포트에 압력 밸브가 있는데 물은 압력 밸브보다는 적게 부어야 한다.

② 추출되기 시작하면 상단포트 뚜껑을 닫아두어야 한다.

③ 상단 포트를 뒤집어서 고무 패킹과 필터가 제대로 장착되어 있는지 확인한다.

④ 증기압을 이용하는 방식이기 때문에 많은 크레마를 얻을 수 있다.

39 융 드립 필터 관리요령으로 바르지 않은 것은 무엇인가?

① 융 필터는 사용 즉시 깨끗한 물에 씻어 햇빛에 말려야 한다.

② 장시간 사용하지 않을 경우 비닐 팩에 넣어 냉동 보관할 수 있다.

③ 사용한 필터는 깨끗한 물에 담가 냉장고에 보관한다.

④ 융 드립의 경우 일반 드립커피에 비해 필터의 관리가 중요하다.

40 사이펀 추출기구 이용 시 주의해야 할 사항으로 바르지 않은 것은 무엇인가?

① 하부 플라스크에 뜨거운 물을 넣고 가열한다.

② 플라스크에 물기가 있으면 그냥 무시해도 된다.

③ 예열을 위하여 로트를 플라스크에 살짝 걸쳐놓는다.

④ 플라스크에 물이 로트로 다 올라오면 스틱으로 10회 정도 저어준다.

41 드리퍼 내부의 요철을 말하며 물을 부었을 때 공기가 빠져나가는 통로 역할을 하는 이것은 무엇인가?

① 여과지   ② 서버

③ 리브   ④ 추출구

42 온도계 이용 시 설명으로 바르지 않은 것은 무엇인가?

① 핸드 드립 시 고려해야 할 중요한 요인 중 하나이다.

② 같은 원두를 사용하더라도 물의 온도가 낮으면 신맛과 떫은맛이 강해진다.

③ 약배전은 89~92℃, 중배전은 85~88℃, 강배전은 80~84℃ 정도가 적합하다.

④ 드립 전과 드립 후의 물의 온도차이는 30℃ 정도 차이가 난다.

43 다음은 핸드드립의 추출방식이다. 어떤 방식에 대한 설명인가?

> 드리퍼의 중심에만 지속적으로 물을 주입하는 방식으로 커피 양을 추출하기 위해 오랜 시간이 걸린다는 단점이 있으나 강한 바디감을 느낄 수 있다.

① 점식   ② 나선형

③ 스프링   ④ 동전식

44 핸드드립의 뜸들이기를 할 때 주의해야 할 점으로 바르지 않은 것은 무엇인가?

① 주입하는 물의 양은 추출한 커피 액의 10%를 넘지 않도록 한다.

② 나선형법은 물줄기가 종이 필터에까지 닿게 해야 좋은 맛을 얻을 수 있다.

③ 8점법은 드리퍼의 중심을 기점으로 8회에 나누어 물을 붓되, 한쪽으로 치우치지 않도록 주의한다.

④ 점법은 물을 여러 차례 나누어 부으며 골고루 적셔질 수 있도록 한다.

45 에스프레소 추출의 4대 조건이 아닌 것은 무엇인가?

① 블렌딩　　② 그라인더

③ 물　　④ 바리스타의 손

46 핸드드립과 에스프레소 기계 방식의 추출 특성의 연결이 바르지 않은 것은 무엇인가?

① 부드럽고 깔끔한 맛 - 핸드드립

② 주로 블렌딩 커피 사용 -에스프레소 방식

③ 메뉴의 베리에이션이 제한적이다 - 핸드드립

④ 커피가 사람의 손맛에 따라 좌우된다 - 에스프레소 방식

47 에스프레소 커피의 가장 좋은 맛을 내기 위한 적절한 물의 온도는 몇 ℃인가?

① 90~95℃　　② 80~85℃

③ 70~75℃　　④ 60~65℃

48 다음 중 에스프레소 추출에 있어 가장 적절한 추출시간은 얼마인가?

① 30~40초　　② 20~30초

③ 10~20초　　④ 5~10초

49 에스프레소에 대한 설명으로 바르지 않은 것은 무엇인가?

① 다양한 추출방식 중의 하나이다.

② 20~30초 동안 1oz를 추출한다.

③ 필터에 담긴 커피케이크를 고압의 물이 통과하면서 향미성분을 용해시켜 추출되는 과정이다.

④ 미세한 섬유소나 불용성 커피오일이 추출되지 않는다.

50 분쇄된 원두를 90~95℃의 물로 짧은 시간 동안 강제적인 힘으로 압력을 가해 추출한 진한 커피는 무엇인가?

① Espresso　　② Crema

③ Demitasse　　④ Kahlua

정답

31	32	33	34	35	36	37	38	39	40
③	④	①	②	④	②	③	④	①	②
41	42	43	44	45	46	47	48	49	50
③	④	①	②	④	③	①	②	④	①

VI. 커피향미 평가

제12장 커피 맛과 향의 평가

01 커피에서 느낄 수 있는 기본적인 맛이 아닌 것은 무엇인가?

① 신맛　　② 떫은맛

③ 짠맛　　④ 쓴맛

02 맛과 원인 물질의 연결이 바르지 않은 것은 무엇인가?

① 신맛 - 클로로제닉산(Chlorogenic acid)

② 단맛 - 캐러멜당

③ 쓴맛 - 말릭산(Malic acid)

④ 짠맛 - 산화칼륨

03 온도와 맛의 변화에 대한 설명으로 옳은 것은 무엇인가?

① 단맛은 온도가 높아지면 상대적으로 강해진다.

② 짠맛은 온도가 높아지면 상대적으로 강해진다.

③ 신맛은 온도가 낮아지면 상대적으로 강해진다.

④ 신맛은 온도의 영향을 거의 받지 않는다.

04 커피의 관능평가에 포함되지 않는 것은 무엇인가?

① 통각　　　　② 후각

③ 미각　　　　④ 촉각

05 보통 사람의 경우 몇 가지의 냄새를 구분할 수 있는가?

① 1,000가지 이하

② 2,000~4,000가지

③ 5,000~7,000가지

④ 8,000가지 이상

06 커피의 맛 성분에 대한 내용 중 옳은 것은?

① 신맛은 아라비카종이 로부스타종보다 적다.

② 단맛은 아라비카종이 로부스타종보다 많다.

③ 쓴맛은 아라비카종이 로부스타종보다 많다.

④ 신맛은 아라비카종과 로부스타종이 비슷하다.

07 Fragrance의 특징으로 바르지 않은 것은 무엇인가?

① 원두를 갈면 커피의 조직이 분쇄되면서 열의 발생과 함께 방출된다.

② 커피 조직 내에 있던 탄산가스가 방출되면서 상온에서 기체상태로 방출된다.

③ Sweetly, Spicy 향 등을 느낄 수 있다.

④ 이 과정에서 맛을 감지할 수 있을 뿐만 아니라 코에서도 향을 느낄 수 있게 된다.

08 다음은 부케 중 어떤 요소에 대한 설명인가?

> 분쇄 커피가 뜨거운 물과 접촉하면 분쇄 커피가 가지고 있는 향 성분의 75%가 날아가 버린다. 뜨거운 물의 열이 커피 입자 안에 있는 유기 화합물의 일부를 기화시키면서 다양한 향이 만들어지는데 Fruity, Herby, Nutty 등이 그것이다.

① Aroma　　　② Nose

③ Fragrance　　④ Aftertaste

09 볶은 커피에서 느낄 수 있는 향기는, 휘발성 유기화합물들의 휘발성의 차이에 따라 아래의 네 가지로 분류할 수 있다. 이 중에서 가장 뒤에 느껴지는 특성은?

① 뒷맛(aftertaste)

② 기체향기(dry aroma-볶은 커피 향기)

③ 증기향기(cup aroma-추출커피향기)

④ 입속향기(nose-마시면서 느끼는 향기)

10 향기의 강도에 대한 설명으로 바르지 않은 것은 무엇인가?

① Rich - 풍부하면서 강한 향기(Full & Strong)

② Full - 풍부하지만 강도가 약한 향기 (Full & Not strong)

③ Rounded - 강하지만 풍부하지는 않은 향기(Not full & Strong)

④ Flat - 향기가 없을 때(absence of any bouquet)

11 Body의 설명으로 바르지 않은 것은 무엇인가?

① 입안의 촉감이란 음식이나 음료를 섭취하는 과정에서 느껴지는 물리적 감각으로 느낌을 말한다.

② 입안에 있는 말초신경은 커피의 점도와 미끈함을 감지하는데 이 두 가지를 집합적으로 바디라고 한다.

③ 원두 내의 지방, 고형 침전물 등에 의해 생겨난다.

④ 생두와 로스팅 된 정도에 따라서는

차이가 없다.

12 촉감(Body)의 지방함량에 따른 용어가 아닌 것은 무엇인가?

① Thick   ② Buttery

③ Smooth   ④ Watery

13 입안에 느껴지는 바디감의 경중을 올바르게 표현한 것은 무엇인가?

① Creamy 〉 Smooth 〉 Buttery 〉 Watery

② Buttery 〉 Creamy 〉 Smooth 〉 Watery

③ Watery 〉 Buttery 〉 Smooth 〉 Creamy

④ Buttery 〉 Creamy 〉 Watery 〉 Smooth

14 고형 성분의 양에 따른 바디감에 대해 올바르게 표현한 것은 무엇인가?

① Heavy 〉 Thick 〉 Light 〉 Thin

② Heavy 〉 Light 〉 Thick 〉 Thin

③ Thick 〉 Heavy 〉 Light 〉 Thin

④ Thick 〉 Heavy 〉 Thin 〉 Light

15 다음은 어떤 커피의 성분에 대한 설명이다. 올바른 것은 무엇인가?

- 카페인의 약 25%가 쓴맛을 낸다.
- 커피뿐만 아니라 어패류와 홍조류 등에 다량 함유되어 있다.
- 아라비카종이 다른 종보다 비교적 많이 함유되어 있다.
- 열에 불안정하여 로스팅이 진행되면 급속히 감소한다.

① 카페인   ② 유리아미노산

③ 지질   ④ 트리고넬린

16 원두 전체의 쓴맛을 10% 차지하며 열에 안정적이어서 130℃ 이상이 되면 일부 승화하여 소실되나 대부분은 원두에 남는 특징을 가지고 있다. 이것은 무엇인가?

① 카페인　　　② 트리고넬린

③ 유리당　　　④ 지질

17 단백질 유리아미노산에 대한 설명이다. 바르지 않은 것은 무엇인가?

① 로스팅에 의해 급속히 소실된다.

② 당과 반응해서 멜라노이딘 및 향기 성분으로 변화한다.

③ 장기 저장 시 산가는 증가한다.

④ 일부 성분은 쓴맛 성분과 결합해서 갈색색소 성분으로 변화한다.

18 갈변반응에 현상으로 바르지 않은 것은 무엇인가?

① 캐러멜화

② 마이야르반응

③ 클로로제닉산 반응

④ 불포화지방산의 자동산화반응

정답

1	2	3	4	5	6	7	8	9	10
②	③	④	①	②	②	④	①	①	③
11	12	13	14	15	16	17	18		
④	①	②	④	③	④	③	④		

제13장 커피의 향미와 결점

19 커피 수확과 건조 시에 나타나는 향미 결점 용어로 바르지 않은 것은 무엇인가?

① Grassy　　　② Rioy

③ Musty　　　④ Hidy

20 커피의 향미 결점에 대한 설명으로 바르지 않은 것은 무엇인가?

① Rioy - 요오드 같은 약품 맛, 자연 건조한 브라질 커피에서 주로 발생

② Earthy - 혀에 매우 불쾌한 신맛을 남기는 맛의 결점

③ Musty - 지방성분이 곰팡이 냄새를 흡수하거나 콩이 곰팡이와 접촉하여 발생

④ Hidy - 우지나 가죽냄새가 나는 향기 결점

21 로스팅 시 열량 공급 속도가 너무 빨라 콩이 부분적으로 탄 것을 무엇이라고 하는가?

① Green　　　② Baked

③ Tipped　　　④ Scorched

22 커피열매가 너무 오랫동안 매달려 부분적으로 마를 때 생성되는 결점으로 아프리카의 건식 로부스타종에서 발생되는 이것은 무엇인가?

① Rioy　　　② Fermented

③ Hidy　　　④ Rubbery

23 혀에 매우 불쾌한 신맛을 남기는 맛의 결점을 무엇이라고 하는가?

① Fermented　　　② Rubbery

③ Rioy　　　④ Hidy

24 로스팅 과정 중 너무 많은 열이 너무 짧은 시간에 공급되어 콩의 표면이 타서 발생되는 것은 무엇인가?

① Baked　　② Scorched

③ Green　　④ Tipped

25 원두의 보관 중에 나타나는 향미 결점에 대한 용어가 아닌 것은 무엇인가?

① Flat　　② Vapid

③ Stale　　④ Brackish

26 로스팅 후 변화 중 상당히 불쾌한 맛을 느끼게 하는 맛의 결점을 무엇이라 하는가?

① Flat　　② Vapid

③ Stale　　④ Rancid

27 추출 후 보관 중 변화에 대한 향미 결점에 대한 용어 설명으로 바르지 않은 것은 무엇인가?

① Vapid: 추출 후 보관 과정에서 향기 성분이 커피에서 지속적으로 유지

② Acerbic: 추출 후 뜨거운 상태에서 지속적으로 보관 시 생성되는 강한 신맛

③ Briny: 물이 증발하고 무기질 성분이 농축되면서 짠맛이 나는 맛의 결점

④ Tarry: 커피 추출액의 단백질이 타서 생성된 불쾌한 탄 맛이 나는 결점

28 약한 풀 냄새가 나는 맛의 결점으로 수확과 건조 과정에서 숙성되지 않은 콩이 충분히 효소 작용이 진행되지 않았을 때 생기는 맛의 결점은 무엇인가?

① Aged　　② Past crop

③ New crop　　④ Quakery

29 커피의 향미를 평가하는 순서로 올바른 것은 무엇인가?

① 맛 -> 향기 -> 촉감

② 색깔 -> 촉감 -> 맛

③ 촉감 -> 맛 -> 향기

④ 향기 -> 맛 -> 촉감

30 다음 커피 향미 성분 중 로스팅 과정 중에 생성되는 향으로 바르지 않은 것은 무엇인가?

① Fruity(과일향)

② Nutty(고소한 향)

③ Caramelly(캐러멜 향)

④ Chocolaty(초콜릿향)

31 생두가 자라는 동안 효소에 의해서 생성된 향기성분으로 가장 휘발성이 강한 향기들은 무엇인가?

① Nutty, Malty

② Flowery, Fruity

③ Turpeny, Spicy

④ Caramelly, Chocolaty

32 로스팅 과정에서 당의 갈변반응의 결과로 생성된 향으로 바르지 않은 것은 무엇인가?

① 견과류향(nutty)

② 캐러멜향(caramelly)

③ 감귤향(citrus)

④ 초콜릿향(chocolaty)

33 커피콩에 있는 섬유질의 건류반응에 의해 생성된 것으로 가장 늦게 증발하는 향기는 무엇인가?

① Malty(곡물)

② Candy(캔디향)

③ Herby(풀향기)

④ Spicy(향신료향)

34 커피의 향미를 평가하는 순서로 가장 적당한 것은?

① 감촉, 맛, 향기

② 색상, 감촉, 맛

③ 향기, 맛, 감촉

④ 맛, 향기, 감촉

35 커피의 전체 무기성분 중에 가장 많은 부분을 차지하며 99%가 인스턴트 커피에 사용되는 무기물질은 무엇인가?

① Mg(마그네슘)　② K(칼륨)

③ Ca(칼슘)　④ Fe(철분)

36 커피의 신맛의 주성분은 무엇인가?

① 타닌　② 유기산

③ 카페인　④ 알칼로이드

37 커피의 세 가지 기본맛과 온도에 대한 설명으로 올바른 것은 무엇인가?

① 높은 온도에서 단맛과 신맛은 상대적으로 약하게 느껴진다.

② 높은 온도에서 단맛과 짠맛은 상대적으로 강하게 느껴진다.

③ 높은 온도에서 단맛은 약하게, 신맛은 변화가 없다.

④ 높은 온도에서 단맛은 강하게 신맛은 약하게 느껴진다.

38 다음 화합물 중에서 커피의 짠맛을 나타내는 성분은 무엇인가?

① 카페인산　② 당류

③ 카페인　④ 산화칼륨

39 커피의 단맛과 관련되지 않은 성분은 무엇인가?

① 올리고당　② 환원당

③ 캐러멜당　④ 단백질

40 다음 중 커피의 갈색색소의 형성 반응이 아닌 것은 무엇인가?

① Sucrose의 caramelization

② 불포화지방산의 자동산화반응

③ Chlorogenic acid류의 중합 및 회합 반응

④ Maillard reaction

41 생두의 화학성분 중에 산화적 스트레스 예방 및 유해 산소류 제거능력 등의 항산화 효능을 보유한 성분으로 바른 것은 무엇인가?

① 글루탐산　② 옥살산

③ 클로로제닉산　④ 아세트산

42 마이야르 반응(Maillard reaction)에 대한 설명으로 옳은 것은 무엇인가?

① 효소적 갈변화 반응이다.

② 캐러멜화(Caramelization)라고도 한다.

③ 탄수화물을 가열하면 일어나는 반응이다.

④ 멜라노이딘이 형성되어 갈색을 띠게 되는 반응이다.

정답

19	20	21	22	23	24	25	26	27	28
①	②	③	④	①	②	③	④	①	④
29	30	31	32	33	34	35	36	37	38
④	①	②	③	④	③	②	②	③	④
39	40	41	42						
①	②	③	④						

제14장 커핑

43 커피의 향미를 관능적으로 평가할 때 사용되지 않는 감각은?

① 시각　　　　② 후각

③ 미각　　　　④ 촉각

44 커핑 중 Acidity에 대한 설명으로 바르지 않은 것은 무엇인가?

① 커핑 스푼을 통해 커피 액이 입안으로 들어갔을 때 혀에서 느껴지는 새콤함을 뜻한다.

② 오렌지와 같은 상큼함이 느껴질 경우 10에 가까운 점수를 받는다.

③ 발효된 식초 맛과 유사하다면 1점에 가까운 점수를 받는다.

④ 향이 약한 경우에는 점수가 낮다.

45 Fragrance/Aroma에 대한 설명으로 바르지 않은 것은 무엇인가?

① 원두를 분쇄한 향을 Fragrance라고 한다.

② Fragrance와 Aroma는 각각 다른 향을 발산한다.

③ 달콤새콤한 향이 느껴질수록 점수는 1에 가깝다.

④ 이 항목에서는 Fragrance와 Aroma를 각각 평가한 후 종합적인 느낌을 점수화하는 것이다.

46 커피 샘플의 향과 맛의 특성을 체계적으로 평가하는 것을 말하며 이런 작업을 전문적으로 수행하는 사람을 무엇이라고 하는가?

① Cupper　　　② Brewer

③ Barista　　　④ Sommelier

47 다음에서 설명하는 에스프레소 커피의 맛은?

> 고산지의 고급 아라비카 커피가 많이 가지고 있는 맛으로 특별히 Washed Arabica에 많이 있는 맛이다.

① Aroma　　　② Body

③ Acidity　　　④ Flavor

48 커핑을 하기 위한 원두의 로스팅은 몇 시간 이내에 로스팅이 되어 있어야 하는가?

① 24시간 이내

② 24~36시간

③ 48~60시간

④ 60시간 이상

49 추출한 커피에 대한 커핑(Cuppng) 시 알아야 할 용어의 설명 중 바르지 않은 것은 무엇인가?

① Taste - 혀로 느낄 수 있는 커피의 단맛, 신맛, 쓴맛 등

② Aroma - 후각으로 느낄 수 있는 커피에서 증발되는 향

③ Flavor - 입안에 커피를 머금었을 때 후각과 입에 느껴지는 맛과 향

④ Aftertaste - 입안에서 느껴지는 중후함이다.

50 향기에 대한 원칙으로 바르지 않은 것은 무엇인가?

① 향기는 기체상태로만 느낄 수 있다.

② 향기에 대한 판단은 일반적으로 경험이나 훈련에 의해 쌓인 기억에 의존한다.

③ 분자량에 따른 특징은 일반적으로 분자량이 작을수록 날카롭고 거칠게 느껴진다.

④ 커피의 향기는 원인요소에 따른 특징과 분자량에 따른 특징에 의한 이중구조로 파악할 수 있다.

정답							
43	44	45	46	47	48	49	50
①	④	③	①	③	①	④	③

커피바리스타경영사
실기 채점표

국제비즈니스교육학회(SIEC/ISBE)공인 [민간자격등록번호: 제2014-5129호]

국가공인자격관리기관 사단법인

한 국 정 보 관 리 협 회
THE KOREA ASSOCIATION OF INFORMATION MANAGEMENT

검정개요

- 현장에서 요구하는 커피관련 지식과 실무능력을 바탕으로 고객이 원하는 커피를 제조할 수 있는 능력을 객관적으로 검증하기 위한 국제공인자격

커피바리스타경영사

- 커피바리스타경영사는 커피에 관한 다양한 음료의 제조와 전문지식을 갖춘 전문가를 말한다. 이와 더불어 커피 및 에스프레소 기계의 작동과 유지에 대해 잘 알고 있으면서 업장의 운영관리능력을 갖춘 사람을 의미한다.
- 또한 바리스타는 커피의 맛과 향을 위해서 원두를 고를 때 토양, 기후, 지리적 조건을 고려하고, 원두 입자의 크기와 원두를 볶는 시간, 물의 온도와 양을 조절하여 좋은 원두를 선택하고 커피 머신을 완벽하게 활용하여 고객의 입맛에 최대한 만족을 주는 커피를 만들어내는 일을 한다.

급수	검정방법	시험과목	문항수	만점	합격점수	제한시간
2급	필기 객관식	커피기초학(생산과 유통)	25	100점	60점	60분
		블렌딩과 로스팅	15			
		추출	7			
		커피향미 및 결점	6			
		매장경영	7			
	실기 작업형	감각적 평가	4	100점	60점	15분
		기술적 평가	4	100점	60점	

진로 및 전망

- 호텔, 레스토랑, 커피전문점 등의 식음료 업무를 담당하는 전문 인력으로서 관련 분야에 수요 예상
- 카페, 커피전문점 등의 창업 시 효율적으로 활용

응시료

- 필기: 50,000원
- 실기: 50,000원

1. 기본사항(서비스) 평가(10)
BASIC(SERVICE) EVALUATION

1	서비스 복장/위생 상태 확인 Costume/ Hygienic Conditions	5	3	1	0
2	서비스 기본 자세 Basic attitude towards service	5	3	1	0
		총점 Total Point			점

2. 에스프레소의 맛 평가 및 서비스 평가(40)
ESPRESSO–TASTE AND SERVICE

1	크레마의 색감과 패턴 Color and pattern of crema	5	3	1	0
2	크레마의 밀도 Density of crema	5	3	1	0
3	에스프레소 맛의 균형(단맛/신맛/쓴맛) Balance of espresso taste(sweet/sour/bitter)	10	7	5	2
4	에스프레소 촉감의 균형(풍부함/조화로움/부드러움) Balance of espresso mouthfeel(rich/harmonious/soft)	10	7	5	2
5	기물 청결 및 스푼의 위치 Cleanliness of tools and position of spoon	5	3	1	0
6	신속한 제공 및 서비스 자세 Time to serve and attitudes	5	3	1	0
	추출시간 (Extraction Time)　　　초	총점 (Total Point)			점

3. 카푸치노의 맛 평가 및 서비스 평가(50)

CAPPUCCINO–TASTE AND SERVICE

1	시각적으로 올바른 카푸치노(1번 잔) Visual of cappuccino(first glass)	5	3	1	0
	시각적으로 올바른 카푸치노(2번 잔) Visual of cappuccino(second glass)				
2	우유 거품의 밀도와 응집력/지속성 Cohesion, continuity and density of milk froth	5	3	1	0
3	카푸치노의 거품의 양(1번 잔) Amount of cappuccino's froth(first glass)	5	3	1	0
	카푸치노의 거품의 양(2번 잔) Amount of cappuccino's froth(second glass)				
4	맛의 균형(1번 잔) Balance of taste(first glass)	5	3	1	0
	맛의 균형(2번 잔) Balance of taste(second glass)				
5	적절한 온도(50~55℃) Proper temperature(50~55℃)	5	3	1	0
6	기물 청결 및 스푼의 위치 Cleanliness of tools and position of spoon	5	3	1	0
7	신속한 제공 및 서비스 자세 Time to serve and attitudes	5	3	1	0
추출시간 (Extraction Time)	초	총점 (Total Point)			점

4. 시연 시간 평가
TIME LIMIT

1	시연시간 이후 1~20초 초과 1~20 seconds after the limit	−10
2	시연시간 이후 21~40초 초과 21~40 seconds after the limit	−20
3	시연시간 이후 41~60초 초과 41~60 seconds after the limit	−30

5. 실격 사유
Grounds or disqualification

1	시연 시간 이후 61초 초과 Exceeding time limit(61 seconds)	실격 Disqualified
2	카푸치노 거품의 양이 0.5cm 미만인 경우 Cappuccino's froth less than 0.5cm	실격 Disqualified

총점 (Total Point)	점

| 커피바리스타경영사 2급 기술적 평가(총 100점 만점 / 60점 이상 합격) |
| COFFEE BARISTA MANAGER LEVEL 2 EVALUATION – TECHNICAL(TOTAL 100 POINTS / PASS SCORE: 60) |

1. 준비사항 평가(15)
PREPARATION

1	준비 시연 공간의 장비 및 기물배치 Placement of tools and objects for the demonstration	3	2	1	0
2	커피머신작동(추출, 스팀) 및 게이지 상태 확인 Check coffee machine(extraction, steam) and gauge	3	2	1	0
3	네 개 잔의 예열, 물기 제거 확인 Warming and drying four glasses	3	2	1	0
4	그라인더 점검 및 작동 분쇄 확인 Check grinder and conduct a trial run for grinding	3	2	1	0
5	작업테이블 주변 상태확인 Condition of work table	3	2	1	0
	총점 Total Point				점

2. 에스프레소 기술 평가(29)
ESPRESSO SKILL EVALUATION

1	필터홀더 관리 Handling of filter holders	4	3	2	0
2	원두 담기 시 흘림(낭비)의 정도 Amount of waste(spillage) when putting coffee beans	4	3	2	0
3	탬핑(담기와 다지기) Tamping(putting and tramping)	4	3	2	0
4	포타필터 장착 전 물 흘리기 및 신속한 추출 Spilling water before installing portafilter and quick extraction	4	3	2	0
5	에스프레소 추출시간 : (20~30초) Espresso extraction time : (20~30 seconds)	5	3	1	0
6	에스프레소 추출량(크레마 포함 25~35ml) Amount of espresso(including crema: 25~35ml)	5	3	1	0
7	작업 중 위생 및 정리정돈 Cleanliness and tidiness during the demonstration	3	2	1	0
추출시간 Extraction Time　　　　　　초	총점 Total Point				점

3. 카푸치노 기술 평가(51)
CAPPUCCINO SKILL EVALUATION

1	필터홀더 관리 Handling of filter holders	4	3	2	0
2	원두 담기 시 흘림(낭비)의 정도 Amount of waste(spillage) when putting coffee beans	4	3	2	0
3	탬핑(담기와 다지기) Tamping(putting and tramping)	4	3	2	0
4	포타필터 장착 전 물 흘리기 및 신속한 추출 Spilling water before installing portafilter and quick extraction	4	3	2	0
5	에스프레소 추출시간 : (20~30초) Espresso extraction time : (20~30 seconds)	5	3	1	0
6	에스프레소 추출량(크레마 포함 25~35ml) Amount of espresso(including crema: 25~35ml)	5	3	1	0
7	우유 준비 및 스티밍 작업 전/후 노즐 청결 Preparation of milk and clean nozzle before/after steaming	4	3	2	0
8	스티밍 작업의 숙련도 Skill level of steaming	5	3	1	0
9	적절한 우유 거품 분배 Proper distribution of milk froth	4	3	2	0
10	우유 붓기의 기술적 숙련도 skill level of pouring milk	5	3	1	0
11	작업의 연속성 및 남은 우유의 양 Amount of remaining mile and continuity of operation	4	3	2	0
12	작업 중 위생(청결) 및 정리정돈 Cleanliness and tidiness during the demonstration	5	3	1	0
	추출시간 (Extraction Time)　　　　초	총점 Total Point　　　　점			

4. 정리상태 평가(5)
CLEANLINESS

1	작업 공간 정리 및 청결(머신/장비) Cleanliness and tidiness of work table(machine/tools)	5	3	1	0
	추출시간 Extraction Time　　　　초	총점 Total Point　　　　점			

5. 실격 사유

Grounds for disqualification

1	추출량 10ml 이하 50ml 이상 Amount of extract less than 10ml or over 50ml	실격 Disqualified
2	추출시간 10초 이하 50초 이상 Extraction time less than 10 seconds or over 50 seconds	실격 Disqualified
3	장비 파손(머신과 그라인더 파손 시 실비 보상) Damage to equipment(if machine or grinder are damaged, compensate actual expenses for machine)	실격 Disqualified

커피바리스타경영사
실기평가

국가공인자격관리기관 사단법인

KAM 한국정보관리협회
THE KOREA ASSOCIATION OF INFORMATION MANAGEMENT

현재 국내 커피시장의 규모는 계속 증가하고 있고 바리스타에 대한 수요 또한 증가하고 있다. 그 카페의 레시피만 알면 즉각적으로 현장 근무가 가능한 커피바리스타 양성이 무엇보다도 중요하다.

커피바리스타경영사 실기평가는 현 커피사업에 종사하기 위하여 반드시 숙지해야 하는 에스프레소 머신을 충분히 이해해야 할 뿐만 아니라 커피음료를 만들고 서비스할 수 있다는 걸 증명할 수 있는 자격이 되겠다.

실기평가에는 크게 준비동작과 시연동작에 대한 평가로 나누어져 있다.

준비동작은 5분이라는 시간 안에 에스프레소 머신과 그라인더의 상태를 점검하고 시연잔의 온도를 맞추기 위해 예열작업을 한다. 실제 음료를 제공하기 위한 준비시간이라고 생각하면 좋다.

시연동작은 10분이라는 시간 안에 커피 기본메뉴인 에스프레소 2잔과 카푸치노 2잔을 제조하여 서비스하는 동작이다.

여기서 중요한 것은 전체적인 시연시간을 지켜야 하고 에스프레소, 카푸치노 음료 정의에 맞게 음료를 제조하여야 하는 것이다.

□ 평가 준비사항

1) 복장

복장은 서비스를 할 수 있는 기본적인 복장 즉 정장식 복장으로 한다.

- 검은 바리스타 앞치마

- 칼라가 있는 셔츠

- 검은색 혹은 어두운 바지

- 검은색 혹은 어두운 치마

- 조끼나 재킷은 계절에 따라 착용 가능

- 머리카락이 빠지지 않도록 묶거나 망으로 감싸줄 것

- 신발은 가급적 정장에 맞는 기본형 구두를 신을 것

- 셔츠의 색상은 크게 제한은 없으나 가급적 흰색이나 무채색으로 맞출 것

- 진한 화장이나 액세서리 착용은 삼갈 것

위의 사항을 제외하고 서비스의 개념에서 벗어나지 않도록 복장을 착용해야 한다.

그리고 서비스를 다시 한번 강조하고 평가에 대한 긴장된 모습보다는 밝은 미소로 응시한다면 보다 좋은 점수로 합격할 수 있을 것이다.

□ 고사장 준비사항

평가 고사장에서는 정확한 평가를 진행하기 위하여 평가에 필요한 환경을 미리 준비할 수 있도록 맞춰주어야 한다.

- 에스프레소 머신의 예비점검을 통한 고장 대비

- 그라인더 작동 및 날 점검 필요시 날 교체할 것

- 평가에 필요한 잔과 잔받침, 스푼, 서빙트레이, 스팀피처, 탬퍼 등의 기물준비

- 평가에 필요한 청소용 솔, 넉박스, 그라인더 받침, 보조 테이블의 주변기물

- 평가 전 수험자 대기실의 구비상태

- 방송장비 준비(음성파일 방송 시)

- 심사 시 필요한 기물(스톱워치, 타이머, 평가지, 종이컵 등)

이외에도 평가 고사장의 준비가 잘 되어 심사위원과 평가자 모두 만족할 수 있는 환경이 잘 조성되어야겠다.

□ 실기 평가 세트

수험자는 평가에 앞서 필요한 기물을 미리 세팅하여 고사장에 입실하여야 한다. 세팅하는 기물은 다음과 같다.

- 스팀피처 2개
- 에스프레소 잔 2개
- 카푸치노 잔 2개
- 에스프레소 잔받침 2개
- 카푸치노 잔받침 2개
- 서빙트레이 1개

준비가 되어 심사위원이 호명하면 자신이 평가받는 머신위치 앞으로 위치하여 간단하게 머신 및 장비, 기물의 상태를 점검하고 심사위원이 평가 시작을 알리기 전까지 대기한다.

요청이나 질문사항 외에는 말을 하지 않고 말을 해야 할 경우 손을 들고 한다.

□ 5분 준비동작

심사위원의 시작하라는 말과 함께 "시작하겠습니다"라고 손을 들어 말하고 바로 준비동작을 시작한다.

기물을 먼저 정리하는데 에스프레소 잔과 카푸치노 잔을 머신 위로 세팅하고 잔받침과 스푼은 테이블 위에, 스팀피처도 테이블 위에 세팅한다.

※개인 준비물: 리넨 1장, 행주 5장

리넨은 고사장 입실 전에 앞치마에 착용해야 하며 행주 5장은 서빙트레이 위에 올려놓고 입실하여 준비동작이 시작되면 기물 세팅과 함께 세팅한다.
- 물기 제거용 1개
- 머신 청소용 1개
- 테이블 청소용 1개
- 밀크스티밍용 1개
- 기물 청결용 1개

세팅이 끝나고 머신을 점검하는 동작을 하는데 스팀용 행주로 감싸고 스팀을 열어 방출시킨다. 이때 스팀의 이상여부, 즉 스팀완드에서 일정한 압으로 잘 방출되는지 확인하는 작업이다.

이때 머신에 있는 스팀압력 즉 보일러 압력을 직접 눈으로 확인한다.

스팀압력 1~1.5bar

반드시 스팀의 양쪽 부분을 모두 확인해야 한다.

다음은 추출에 대한 점검이다.

장착된 포타필터를 분리하고 머신의 추출버튼을 눌러 작동여부 추출수가 이상 없이 잘 나오는지 확인하고 스크린필터와 포타필터의 청결상태를 점검한다. 이때에도 게이지 부분에 있는 추출압력 즉 펌프모터 게이지를 확인하여 압력수치가 정상적인지를 눈으로 직접 확인한다.

정상 추출압력은 8~9bar 정도이며 대부분은 9bar를 가르치고 있다.

머신의 추출 점검도 양쪽에 반드시 둘 다 점검한다.

　머신 점검 후 잔을 예열하는 동작을 한다. 이는 준비동작 이후 시연동작에서 따뜻한 에스프레소와 카푸치노를 제공하기 위해 잔의 온도를 높여주기 위해서이다.

　시연하기 위한 잔을 머신 가까운 쪽으로 위치시키고 머신에 있는 스팀물을 받아서 잔에 부어준다.

　이때 스팀피처를 이용하여 잔에 물을 채워주는데 잔에 채워주는 최소 용량은 70%이다.

　즉 잔에 70% 이상의 물을 채워주는 것이 중요하다.

　또한 머신에서 나오는 물의 온도는 90도 이상이므로 고온에 다치거나 놀라지 않도록 조심해서 동작해야겠다.

　잔 예열 후 그라인더의 점검과 시연동작에 데뷔한 시범/예비 추출을 한다.

시범추출이라고 해도 되고 예비추출이라고 표현해도 되겠다.

이는 그라인더의 작동상태와 분쇄도 및 원두의 상태를 알기 위해 수험자가 반드시 해야 하는 동작이며 이때의 추출시간과 에스프레소 상태를 확인하고 시연동작에서 어떻게 추출할지 생각할 수 있어야 한다.

예를 들어 추출시간이 빨랐다면 추출용량을 줄이거나 혹은 같은 추출용량에서 추출시간을 조금 더 느리게 추출될 수 있도록 포타필터에 담기는 커피양을 늘리거나 혹은 탬핑을 강하게 하는 방법이다.

패킹 후 그룹헤드 장착 점검

장착 후 추출상태 점검

평가 중에 시간을 확인할 수는 없으므로 마음속으로 시간을 계산하면서 추출상태를 점검해야 한다.

평가에 대한 실습연습을 많이 하여 에스프레소 추출속도만 봐도 전체적인 추출시간을 알 수 있는 실력을 갖추는 것이 좋겠다.

시범 추출 후 예열잔의 물기를 제거하는 동작을 한다.

이때 잔이 뜨거우므로 가급적 손잡이 부분을 잡고 물기를 닦는 것이 좋다.

또 물은 머신 트레이에 버리는데 배수구 구멍이 작으므로 조심스럽게 물배수구로 흐르듯이 물을 버려야 머신 밑으로 물이 새는 일이 발생하지 않는다. 마지막으로 가끔 실수로 머신 상부에 물을 버리는 경우가 발생하는데 이는 실격일 뿐만 아니라 머신 안에 보일러와 연결된 여러 전기 부분에 문제가 발생할 수 있으므로 반드시 신경 써야 하고 조심해야 하는 부분이 되겠다.

포타필터 정리하는 동작

그라인더 및 주변 청소

잔예열 및 건조작업 이후에는 머신과 그라인더 및 주변을 청소한다. 포타필터에 있는 커피 추출 후 남은 퍽을 제거하고 추출수로 깨끗하게 정리한 후, 그라인더 도저 안에 있는 남은 커피를 버리고 그라인더 주변에 있는 커피가루 및 잔여물을 쓸어주거나 닦아서 마무리한다.

가급적 가루는 쓸어서 전체적으로 제거한 뒤에 테이블용 행주로 닦아서 정리하는 것이 깔끔하고 좋다. 주의할 점은 행주의 용도에 맞게 사용하면서 정리해야 한다는 것이다. 머신용 행주는 머신을 정리하기 위한 용도로 사용해야 하며, 그라인더 쪽은 청소용 솔과 행주로 정리해야 한다. 보조 테이블이 있을 경우 테이블용 행주로 정리하며 예비용 행주는 추출 시 커피나 우유가 잔에 묻었을 때 사용하므로 준비동작을 할 때에는 사용하지 말고 위치만 시켜준다.

마무리를 하고 손을 들어 "마치겠습니다"라고 알리면 준비동작은 끝난다.

이때 심사위원은 수험자를 앞쪽으로 한 발 나오게 한 후 정리된 사항을 확인한다.
준비동작의 점수 배점은 25점이다.
여기서 전체적으로 실기평가에 대해서 정리하도록 하겠다.

□ 실기평가 채점기준

실기평가의 총점수는 200점 만점이 되며 기술 평가와 맛 평가로 나뉘어 있다. 합격 기준은 60% 이상의 점수를 맞아야 하므로 120점 이상의 점수가 나오면 합격이다. 기술평가부터 먼저 설명하겠다.

기술평가는 기술적인 부분에 대해서 평가하며 준비동작과 에스프레소 기술, 카푸치노 기술, 정리상태, 주요 평가 등 총 5가지 항목으로 구성된다.

준비동작은 총 25점으로 평가되며 이는 다음과 같다.

준비사항 평가(25)

			좋음	보통	나쁨
1	잔 준비	네 개의 잔 모두 예열. 물기 제거상태 확인	10	5	0
2	장비 청결	기계, 그라인더 청결상태 확인	10	5	0
3	작업공간 청결	기계, 그라인더, 넉박스, 작업테이블 주변 상태 확인	5	3	0

1) 잔 준비

에스프레소 2잔, 카푸치노 2잔 총 4잔을 이상 없이 예열시켰으며, 물기를 이상 없이 제거하였는지에 대한 평가이다. 예열 시 주의사항은 물을 잔의 70% 이상을 채워 예열해야 하며 물기 제거상태는 준비동작이 끝났을 때 한 잔이라도 물기가 있으면 감점이 된다.

예열과 물기 제거 두 항목 중에 한 가지라도 감점이 있다면 5점, 두 항목 모두 감점이 있다면 0점으로 평가된다.

2) 장비청결

에스프레소 기계는 포타필터의 청결이 가장 중요하며 머신상부와 하부의 청결상태를 본다. 그라인더는 도저 안의 커피가루가 남아 있는지, 그라인더 상부와 하부의 청결상태, 즉 커피가루가 심하게 남아 있는지를 확인한다. 청결에 대한 평가이므로 감점을 당하지 않기 위하여 전체 5분이라는 준비시간 중에서 동작을 마치고 남는 시간이 있다면 청결에 최대한 신경을 써서 마무리하는 것이 중요하겠다. 기계, 그라인더 두 가지 항목 중에서 한 가지라도 감점이 있다면 5점, 두 항목 모두 감점이 있다면 0점으로 평가된다.

3) 작업공간 청결

에스프레소 머신, 그라인더, 넉박스, 작업테이블의 전체적인 주변공간에 대해서 청결하게 마무리했느냐에 대한 평가가 된다.

각 주변의 상태를 확인하고 1군데에서 발견되면 3점, 2군데 이상에서 발견되면 0점으로 평가된다.

□ 시연동작

준비평가를 제외하고 나머지 평가부분은 시연동작에서 평가하게 된다.

평가의 중요도로 생각해 본다면 당연히 시연동작이 중요하다. 준비동작은 10분 시연동작을 위한 준비사항들을 하는 시간이라고 봐도 된다.

기본사항(서비스) 평가(20)

			좋음	보통	나쁨
1	복장/발표/서비스	복장, 발표발음 및 자세. 물서비스 자세 상태확인	10	5	0
2	기본예의	고개 숙여 인사하지 않는 경우, 수험번호 말하지 않는 경우, 응시태도 불손	5	3	0

기본사항 즉 서비스에 대한 평가는 시연동작이 시작될 때 심사위원이 주로 보는 부분이며 평가에 대해 수험자가 얼마나 준비를 해서 보여주는지에 대한 평가라고 본다. 즉 기본적인 복장을 잘 준비하고 실제 고객에게 서비스하는 마음으로 평가에 임한다면 감점 없이 좋은 점수를 받는 항목이 된다.

(1) 복장/발표/서비스

복장에 대한 준비, 시작 시 인사/본인소개/물서비스 부분에 대한 평가항목이다. 복장은 앞에서도 설명한 대로 기본적이고 단정한 복장을 갖추면 좋겠다. 10분 시연동작이 시작되면 수험자는 심사위원에게 시작을 알리고 먼저 물을 심사위원에게 서비스한다. 제공 시 심사위원의 오른쪽으로 제공하도록 한다. 물 제공 후 고개만 숙여 가볍게 인사 후 본인 소개를 한다. 반드시 수험번호를 얘기하고 에스프레소 2잔을 준비한다고 알려주면 된다. 각 항목에서 한 가지만 감점 시 5점, 두 가지 이상 감점 시 0점 처리된다.

시작을 알린다.   가볍게 인사 후 본인소개를 한다.

(2) 기본예의

심사위원이 시작을 알리면 손을 들고 시작을 알리고 물을 서비스한 후 가볍게 인사 후 자기 소개를 한다. 반드시 수험번호와 본인이름을 밝히고 에스프레소를 먼저 제조한다고 알려준다.

예시) (손을 들고) 시작하겠습니다.

(물 제공 후) 안녕하세요.(고개를 숙이며)

수험번호 ○○번 ○○○입니다.

에스프레소 2잔 먼저 제공해 드리겠습니다.

인사 후 에스프레소 잔받침과 스푼을 세팅 후 에스프레소 추출을 한다.

에스프레소 추출에 대한 각 항목의 세부평가가 있으므로 동작 하나하나에 신경 써서 평가에 임해야 한다. 에스프레소 추출에 대한 항목은 에스프레소 추출 시에 나왔던 내용 그대로 평가되는데 추출되는 순서대로 평가한다.

4) 분쇄/도징을 통한 커피 받기

5) 레벨링과 수평도를 고려한 안정한 탬핑

에스프레소 기술 평가(24)

			좋음	보통	나쁨
1	필터홀더 관리	스파웃 오염 과도한 물, 흐름, 바스켓 내부에 커피가루가 10% 이상 하나라도 해당되면 0		1	0
2	원두 담기	그라인더가 심하게 움직임. 레버를 당기나 도저가 돌지 않음. 커피가루를 많이 흘림. 커피낭비 3g 이상(도저, 넉박스에 버려진 것)-하나라도 해당하면 2, 두 개 이상 0	4	2	0
3	탬핑	수평이 틀어지는 경우, 레벨링 미숙, 탬핑 미숙(원 탬핑으로 끝내는 것이 좋음, 탬핑과 관계없는 동작)-1개라도 안 되면 2, 두 개 이상 0	4	2	0
4	필터홀더 장착	탬퍼에서 손을 떼고 추출버튼 누를 때까지 5초 이내. 장착 충격, 반드시 커피가루를 바스켓에 담기 전에 물 흘리기를 해야 함(필터 홀더를 빼서 바스켓 건조청결 시 물 흘리기 작업한 후 버튼 끄고 그라인딩 시작하도록) 1개 해당 1, 두 개 이상 0		1	0
5	에스프레소 추출	( )초 (↑ , ↓)	10	5	0
6	작업 중 위생 관리	레벨링 시 손 사용, 티스푼의 손잡이 끝으로부터 1/3 이상의 지점에 손이 닿을 경우, 탬퍼를 받침 위에 놓지 않을 경우. 1개라도 해당되면 2, 두 개 이상 0	4	2	0

(1) 필터홀더 관리

필터홀더란 포타필터로 보면 된다. 포타필터에서 커피가 추출되는 부분인 스파웃 부분에 이물질이 묻어 있다면 감점을 받게 된다. 준비동작에서 필터홀더를 충분히 청소하고 마무리하는 것이 좋다. 위아래로 청결에 신경 써서 스파웃 부분까지 청결하게 해준다.

커피가 도저에서 많이 남을 수 있다. 이는 도징 시의 문제점과 커피양에 맞는 분쇄를 하지 못하는 것이 원인이므로 이 또한 도징의 개념을 이해하고 충분히 연습하는 것이 중요하겠다.

위의 3가지 항목 중 하나라도 해당되면 0점이 된다.

(2) 원두 담기

커피양의 조절은 에스프레소 추출에서 분쇄만큼 중요한 부분이다. 숙달된 바리스타는 그라인더 양에 대한 조절을 잘 한다. 그만큼 양에 대한 감각을 충분히 연습하는 것이 좋다.

그라인더가 도징 시 심하게 움직인다면 아마도 테이블 대부분이 대리석이란 특징 때문이다. 마찰이 거의 없으므로 옆으로 잘 돌아가게 된다. 이때에는 손가락을 사용하여 그라인더 거치 부분을 최대한 고정시켜 놓고 도징하는 것이 중요하다.

도저에서 레버를 당기는 연습은 충분히 해줘야겠다. 평가 때 특히 많이 실수하는 부분이기도 하다. 준비동작 때 도징 시의 느낌을 충분히 느끼고 작업하는 것이 중요하겠다.

커피가루에 대한 낭비가 완벽하게 없을 수는 없다. 평가 규정상 3g이라는 기준을 정해놓았으므로 이에 맞게 낭비양을 줄여야 한다. 좋은 방법은 도징 시 필터홀더에 커피를 받을 시 분쇄양을 보면서 도징속도를 맞추는 것이 좋다. 그라인더의 분쇄속도는 거의 일정하다. 도징속도를 일정하게 맞추는 것보다 분쇄속도에 따른 분쇄되는 양을 보고 도징을 조절하며 자신의 스타일을 만들어 나가는 것이 좋다. 위의 사항 중 한 가지에 해당하면 2점, 두 가지 이상 해당하면 0점이다.

(3) 탬핑

두 가지에 유의한다. 수평도와 레벨링인데 수평도는 육안으로 정확하게 맞춰주는 것이 일정한 추출에 좋고 수험자는 수평도를 직접 눈으로 확인하는 모습을 보여주어야 한다.

　　다음은 레벨링인데 도저캡(뚜껑)이나 수평으로 양을 정확하게 조절할 수 있는 도구를 사용해도 무관하다. 하지만 평가장에 있는 도구를 사용해야 하므로 가급적 도저캡을 사용해서 조절을 한다. 횟수나 방향에 따라 차이가 있으므로 추출을 통한 훈련을 하는 것이 중요하다. 둘 중 하나라도 해당되면 2점, 둘 다 해당되면 0점이다.

★ 과소추출/과다추출

　　에스프레소에서 이미 다루었을 부분이나 평가에서 가장 중요한 부분이므로 다시 한번 정리하겠다.

　　과소와 과다는 반대적인 개념이고 간단하게 정리하면 같은 용량에서 비교할 시 과다는 진하고 과소는 연하다라고 생각하면 쉽다.

　　바리스타는 실무적인 상황에서 과소적인, 과다적인 현상이 발생 시 원인을 정확히 이해하고 훈련을 통한 대처능력을 충분히 가지고 있어야 한다.

① 과다추출의 원인 〈에스프레소 추출량 기준〉

• 분쇄도가 기준보다 가는 경우
• 커피양이 기준보다 많은 경우
• 탬핑의 세기가 기준보다 강한 경우(실제 큰 영향을 미치진 못한다)
• 추출시간이 기준보다 길게 나올 시
• 추출온도가 기준보다 높을 시(기계적 원인)
• 추출압력이 기준보다 낮을 시(기계적 원인)
• 습도가 평균보다 높을 경우(습도가 높을 시 과다추출의 원인이 된다)

② 과소추출의 원인 〈에스프레소 추출량 기준〉

• 분쇄도가 기준보다 굵은 경우
• 커피양이 기준보다 적은 경우
• 탬핑의 세기가 기준보다 약한 경우(실제 큰 영향을 미치진 못한다)
• 추출시간이 기준보다 짧게 나올 시
• 추출온도가 기준보다 낮을 시(기계적 원인)
• 추출압력이 기준보다 높을 시(기계적 원인)
• 습도가 평균보다 많이 낮을 시

장착 전 물 흘리기

추출시간과 양을 확인한다.

(4) 필터홀더 장착

탬핑까지 동작을 하였다면 가장자리를 정리하고 그룹헤드에 장착 후 추출까지의 시간이 5초 이내로 이루어져야 한다. 이는 시간에 따른 온도손실을 막기 위한 평가항목이라고 하겠다.

만약 장착 시 충격이 발생한다면 추출 시 채널링이 발생할 수 있다. 채널링은 추출에 좋지 않은 영향을 미치고 균일한 추출이 이루어질 수 없게 만든다.

추출 전에 그룹에서 물 흘리기를 하는 이유에는 여러 가지가 있다.

예열, 안정화, 불순물을 없애면 좋은 이유가 많으므로 반드시 물 흘리기를 하는 것이 좋다. 한 가지가 해당되면 1점, 두 가지 이상 해당되면 0점 처리된다.

(5) 에스프레소 추출

평가항목 중에서 점수 배점이 가장 높은 10점이다. 추출 시의 추출시간, 추출량으로 평가되며 20~30초, 20~30ml 기준 안에 추출되면 감점이 없으며 둘 중에 한 가지라도 감점되면 5점, 모두 감점되면 0점 처리된다.

(6) 작업 중 위생관리

바리스타 실기평가에서 위생(청결)점수는 높다. 중복평가가 있으므로 평가 중에 위생에 신경 써야 한다.

이 평가에선 레벨링 시 손을 사용할 수 없다. 도저캡이나 다른 도구를 사용해야 한다. 티스푼을 잡을 시 끝부분을 이용해서 잡도록 한다. 지나치게 손잡이 전체를 잡지는 않도록 한다.

탬퍼는 탬핑 시를 제외하고 가급적 잡지 않도록 하며 청소를 하더라도 탬퍼를 들고 있는 상태에서 해야 한다. 탬퍼를 바닥에 놓지 않도록 한다.

위의 사항 중 한 가지가 해당되면 2점, 두 가지 이상은 0점 처리된다.

에스프레소 잔받침, 스푼 세팅

에스프레소 2잔 서빙

에스프레소 서빙 – 1

에스프레소 서빙 – 2

에스프레소의 맛 평가 및 서비스 평가(26)

			좋음	보통	나쁨
1	크레마의 색감	추출시간과 양을 참고하여 심사	6	3	0
2	크레마의 밀도	추출시간과 양을 참고하여 심사	6	3	0
3	에스프레소 맛의 밸런스	추출시간과 양을 참고하여 심사	10	5	1
4	커피음료 서빙	서빙 시 양손으로 트레이 잡음, 이동 시 트레이가 옆에 위치하지 않음, 서빙 시 잔과 잔받침이 심하게 떨리는 경우. (서빙 시 심사 테이블에 올려놓고 양손 서빙은 가능)	2	1	0
5	서비스 기술	잔과 잔받침에 음료의 흔적, 잔의 손잡이와 티스푼의 방향이 다름. 서빙 시 음료 흘림, 티스푼 등을 심사테이블 혹은 바닥으로 떨어뜨리는 경우	2	1	0

(1) 크레마의 색감

크레마의 색감은 전체적으로 같은 색깔의 느낌이 나며 너무 밝거나 어둡지 않아야 한다. 적색의 느낌을 가지고 있는 갈색의 색감이 나타나는 것이 좋다. 추출시간과 양을 참고하여 결과를 반영하도록 한다.

두 잔 중에 한 잔이 감점되면 3점, 두 잔 모두 감점되면 0점 처리된다.

(2) 크레마의 밀도

스푼을 이용하여 크레마를 밀어보면 크레마의 밀도를 확인할 수 있다. 추출제공 후 빠른 테스트가 중요하다. 거칠지 않고 크림 같은 느낌의 질감을 주며 지속력과 복원력이 좋을수록 좋은 크레마이다.

추출시간과 양을 참고하여 결과를 반영하도록 한다.

두 잔 중에 한 잔이 감점되면 3점, 두 잔 모두 감점되면 0점 처리된다.

(3) 에스프레소 맛의 밸런스

맛이 어느 한쪽으로 강하게 느껴지는 것보다 처음, 중간, 끝에서 오는 맛과 향을 기억하고 전체적으로 균형감이 느껴지는 것이 중요하다. 추출시간과 양을 참고하여 결과를 반영하도록 한다.

두 잔 중에 한 잔이 감점되면 5점, 두 잔 모두 감점되면 10점 처리된다.

(4) 커피음료 서빙

서빙에 대한 기본적인 부분을 본다. 양손으로 트레이를 잡으면 감점이 되며 트레이는 옆으로 위치시켜 서빙한다. 또한 테이블에서 음료 제공 시 두 손을 사용해도 가능하므로 심하게 떨리는 경우 양손으로 조심해서 서빙한다. 항목 중 한 가지가 감점되면 1점, 두 가지 이상 감점 시 0점 처리된다.

(5) 서비스 기술

기본적인 사항이며 잔과 잔받침에 음료의 흔적이 있을 경우 닦아준다. 잔과 스푼 손잡이의 방향이 일치하도록 오른쪽 기준으로 제공한다. 티스푼을 떨어뜨리지 않도록 유의한다. 항목 중 한 가지가 감점되면 1점, 두 가지 이상 감점 시 0점 처리된다.

카푸치노 시작을 알린다.

세팅 후 에스프레소 추출준비

에스프레소 추출과 같다.

카푸치노 잔에 추출한다.

카푸치노 기술 평가(60)

			좋음	보통	나쁨
1	필터홀더 관리	에스프레소와 동일	5	3	0
2	원두 담기	에스프레소와 동일	5	3	0
3	탬핑	에스프레소와 동일	5	3	0
4	필터홀더 장착	에스프레소와 동일	5	3	0
5	에스프레소 추출	( )초 (↑ , ↓)	10	5	0

1~5번 모두 에스프레소 기술 평가와 동일하다.

세팅 1. 잔받침과 스푼

세팅 2. 스팀피처에 우유를 담는다.

스팀노즐 개방 후 밀크스티밍

스팀 후 노즐청소 및 개방

우유 나누기를 한다.

카푸치노를 제조한다.

			좋음	보통	나쁨
6	밀크 스티밍	피처의 70% 이상 거품이 올라와 있어야 함. 공기주입이 안 되어 소음이 심한 경우, 기포 많음, 스팀 중 피처 밖으로 우유 흐름. 1개라도 해당되면 5, 두 개 이상 0	10	5	0
7	스팀노즐 관리	스팀 전 분출, 스팀 후 분출, 드립트레이 안쪽으로 분출(행주로 감싸쥐는 것은 안 해도 됨), 전용행주 사용, 노즐에 우유의 흔적이 조금이라도 남아 있으면 안 됨. 하나라도 해당되면 3, 두 개 이상 0	5	3	0
8	카푸치노 조리	크레마 안정화 안 된 경우(선명도), 우유나 커피를 잔 밖으로 흘린 경우, 원의 지름이 2cm 미만인 경우. 하나라도 해당되면 3, 두 개 이상 0	5	3	0
9	우유 사용량	100ml 초과 0	5		0
10	작업 중 위생관리	에스프레소와 동일	5	3	0

(6) 밀크스티밍

스티밍 후의 우유 거품량은 전체의 70% 이상은 만들어져 있어야 충분한 카푸치노 음료 제조가 가능하다. 스티밍에서 거품의 품질은 중요하다. 거품생성 시 소음이 심하게 발생하거나 기포가 많이 발생, 혹은 지나친 거품생성으로 우유가 피처 밖으로 흐르는 것도 좋지 않다. 이 중 한 가지가 감점되면 5점, 두 가지 이상 감점될 경우 0점 처리된다.

(7) 스팀노즐 관리

스티밍 시 전후의 스팀분출은 중요하다. 우유는 열에 의해 성질이 변하는 제품이다. 스팀노즐에 우유가 남았거나 노즐 표면에 우유가 있다면 시간이 흐를수록 굳어지고 냄새가 심해진다. 이를 관리하는 것에 대한 평가다. 반드시 스팀용 행주를 이용하여 관리해야겠다. 한 가지가 해당되면 3점, 두 가지 이상 해당 시 0점 처리된다.

(8) 카푸치노 조리

평가에서 이상적인 카푸치노는 배경의 안정화/선명도가 좋으며 모양이 가운데에

2cm 이상의 크기로 나타내면 되겠다. 양은 잔의 높이만큼 제조하며 우유나 커피를 잔 밖으로 흘리지 말아야겠다. 한 가지가 해당되면 3점, 두 가지 이상 해당 시 0점 처리된다.

(9) 우유 사용량

카푸치노 제조 후 우유 전체의 양이 거품 포함 100ml 이상 초과되면 감점이다.

(10) 작업 중 위생관리

위생/청결에 대한 항목이며 에스프레소 기술 평가항목과 기준은 같다.

카푸치노를 서빙한다.

카푸치노의 맛 평가 및 서비스 평가(20)

			좋음	보통	나쁨
1	시각적인 모양	모양이 중앙에 위치하지 않음, 선명도-하나라도 안 되면 5(거품으로 잔이 하얗게 덮이는 경우 0점)	4	2	0
2	거품의 양	거품양 2cm 이상이면 5, 1cm 이상 2cm 미만 3, 1cm 미만 0(0.5cm 미만 불합격)	5	3	0
3	거품의 질	표면의 거품이 거친 경우, 속거품이 곱지 않은 경우 – 한 개 해당 5, 두 개 이상 0	4	2	0
4	카푸치노 전체 양과 온도	잔에 가득 채워지지 않음, 기준온도(65-70℃)를 초과하거나 부족한 경우 – 한 개 해당 1, 두 개 이상 0	2	1	0
5	카푸치노 맛의 밸런스	추출시간과 양을 참고하여 심사	5	2	0

(1) 시각적인 모양

두 잔의 카푸치노에 대한 평가이며 두 잔이 같은 모양과 거품양으로 제공될수록 좋은 점수를 받는다. 시각적인 평가는 대칭성, 선명도를 보며 한 가지 감점 시 2점, 모두 감점 시 0점 처리된다.

(2) 거품의 양

거품양이 2cm 이상이면 5점, 2cm 미만이면 3점, 1cm 미만이면 0점 처리된다. 거품의 두께는 카푸치노에서 중요한 부분이다. 만약 0.5cm 미만의 두께 발생 시 불합격 처리되니 특히 스티밍 전체 양이 중요하겠다.

(3) 거품의 질

카푸치노 거품에 대한 평가항목이다. 제공 시 평가위원은 즉시 대칭성을 평가하고 거품의 품질을 평가한다. 겉과 속의 거품상태가 고운 경우 4점, 둘 중에 한 가지가 거친 경우 2점, 모두 좋지 않은 경우 0점 처리된다.

(4) 카푸치노 전체 양과 온도

잔에 대한 음료양과 온도에 대한 평가이다. 양은 카푸치노잔 전체 양보다 많아야 하며 넘치지 않을 정도로 제공하면 된다. 온도는 맛을 느꼈을 때 뜨겁지 않고 따뜻하다고 느껴져야 한다. 한 가지가 감점되면 1점, 둘 다 감점되면 0점 처리된다.

(5) 카푸치노 맛의 밸런스

에스프레소와 우유, 거품의 맛의 조화가 잘 느껴져야 한다. 이는 추출시간과 양을 참고하여 평가된다.

카푸치노 제공 후 종료를 알린다.

■ 5분 정리시간

① 제공한 음료를 다시 정리한다.

② 정리해서 작업테이블로 가져간다.

③ 포타필터의 커피를 제거한다.

④ 그라인더 도저를 정리한다.

⑤ 그라인더 주변 가루를 정리한다.

⑥ 전체적으로 닦아서 마무리한다.

정리상태 평가(15)

			좋음	보통	나쁨
1	기물정리	트레이 위에 행주, 예비 추출 샷글라스, 스팀 피처 올려놓아야 함	5	3	0
2	장비청결	커피 기계, 그라인더 청결상태 확인	5	3	0
3	작업공간 청결	커피 기계, 그라인더, 넉박스 주변, 작업테이블 청결상태 확인	5	3	0

시연시간이 끝나면 5분간의 정리시간이 주어지며 기물/장비/작업공간에 대한 청결 점수를 받는다.

(1) 기물정리

수험자는 사용했던 기물들을 트레이 위에 정리해 놓아야 한다. 행주, 예비추출한 샷글라스, 스팀피처가 이에 해당하는데 셋 중 한 가지라도 없을 경우 3점, 두 가지 이상 없을 경우 0점 처리된다.

(2) 장비청결

커피기계와 그라인더 내/외부의 청결상태를 점검한다. 둘 중 하나라도 감점이 있을 시 3점, 둘 다 부족할시 0점 처리된다.

(3) 작업공간 청결

커피기계, 그라인더, 넉박스 주변의 청결상태를 확인한다.
셋 중 한 가지라도 없을 경우 3점, 두 가지 이상 없을 경우 0점 처리된다.

■ 주요 평가 및 시간평가

각 중요 평가는 점수에 대한 배점이 아니라 합격/불합격에 대한 구분만 되므로 위의 사항을 잘 준수하여 현장실격의 경험을 하지 말아야겠다.

기술 주요 평가(합격/불합격)

1	추출량 10ml 이하 50ml 이상	불합격
2	추출시간 10초 이하 50초 이상	불합격
3	장비 파손(머신과 그라인더 파손 시 실비 보상)	불합격

기술평가에서는 추출량과 추출시간이 10 이하이거나 50 이상인 경우 실격 처리된다.

장비의 파손부분은 자주 일어나는 일은 아니나 장비 사용이 미숙할 경우에 파손의 위험이 있다. 이 역시 유의해야 한다.

맛 주요 평가(합격/불합격)

1	시연 시간 이후 61초 초과	불합격
2	카푸치노 거품의 양이 0.5cm 미만인 경우	불합격

① 맛 평가에는 시간의 초과 여부가 해당되는데 전체 시연시간 10분보다 61초 초과된 경우 실격당한다. 만약 60초 안에 초과하여 마치게 된다면 감점 여부가 있으며 이는 다음과 같다.

시연시간 평가

1	시연시간 이후 1~20초 초과	-10
2	시연시간 이후 21~40초 초과	-20
3	시연시간 이후 41~60초 초과	-30

② 카푸치노 거품의 양이 지나치게 많은 경우 감점여부는 아니지만 거품양이 부족할 경우, 즉 0.5cm 이하의 두께로 형성되면 불합격 처리된다.

각 주요 평가에 대한 부분은 현장에서 바로 실격될 수도 있는 항목이므로 시간과 함께 더욱 중요하게 생각하고 평가에 임해야 한다.

전체적인 순서는 다음에 다루도록 하겠다.

□ 준비동작 5분 전체순서

1 기물을 트레이에 올려 입장한다.

2 작업테이블에 기물을 놓는다.

3 손을 올리고 "시작하겠습니다."

4 기물을 위치시킨다(잔, 피처, 잔받침 등).

5 행주를 위치시킨다.

6 리넨을 위치시키고 앞치마에 착용

7 머신의 스팀압력과 게이지 확인

8 양쪽 스팀 모두 확인

9 그룹 추출압력 확인

10 양쪽 그룹 추출 확인

11 스팀피처에 온수 받기

12 잔을 머신 밑으로 옮긴다.

13 잔에 온수를 부어서 예열

14 남은 물은 머신 트레이에 붓는다.

15 스팀피처는 닦아서 머신 상부에 위치

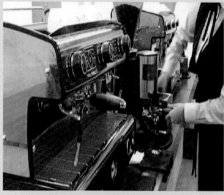

16 예열 후 포타필터에 커피 채우기

17 포타필터에 적당한 양을 받기

18 수평도에 맞추어 탬핑

19 충격 없이 그룹헤드에 장착

20 샷글라스 한 잔에 시험추출

21 예열잔의 물을 비운다.

22 잔 안쪽에 물기가 없도록 닦는다.

23 닦은 잔은 머신 상부에 위치

24 모두 닦은 뒤 시험추출잔을 치운다.

25 포타필터의 커피퍽을 제거한다.

26 제거 후 포타필터를 씻어준다.

27 그라인더 도저 안의 커피를 제거

28 가루가 남지 않도록 충분히 제거

29 청소솔로 도저 안을 청소

30 청소 후 남은 가루 제거

31 그라인더 주변도 정리 후 가루 제거

32 머신과 머신 주변 청소

33 테이블까지 닦아서 마무리해 준다.

34 이상이 없으면 마침을 알린다.

□ 시연동작 10분 전체순서

시연 시작하겠습니다.
응시번호 00번 000입니다. 안녕하세요?(인사한다)
오늘 제가 제공해 드릴 메뉴는 카페 에스프레소 2잔
카푸치노 2잔입니다. 카페 에스프레소 2잔부터 순서대로 제공해 드리겠습니다.
먼저 카페 에스프레소 제공해 드리겠습니다. 잠시만 기다려주세요.

1 잔받침을 세팅한다.

2 스푼을 세팅한다.

3 포타필터에 양에 맞게 커피를 채운다

4 수평에 맞게 탬핑을 해준다.

5 추출 전 물 흘리기를 한다.

6 부드럽게 장착시킨다.

7 버튼을 눌러 추출한다.

8 세팅한 트레이에 잔을 놓는다.

9 방향 혹은 위생 확인

10 심사위원께 제공하기 위해 이동

실례하겠습니다. 카페 에스프레소 2잔 제공해 드리도록 하겠습니다.

11 서빙 시 실수하지 않도록 주의

12 심사위원 기준으로 제공한다.

13 제공 후 카푸치노 잔받침/스푼 세팅

14 우유도 미리 스팀피처에 채운다.

15 포타필터를 분리한다.

16 알맞은 커피를 받는다.

17 수평도에 맞춰 탬핑한다.

18 물 흘리기를 한다.

19 부드럽게 장착한다.

20 카푸치노 잔에 커피를 받는다.

21 스팀 전 스팀 분출을 한다.

22 초반 거품주입을 한다.

23 온도를 체크하며 우유혼합을 한다.

24 스팀이 끝나면 다시 스팀을 분출

25 거품을 부드럽게 해준 후 나눈다.

26 나눈 후 커푸치노 한 잔을 만든다.

27 양은 잔의 양만큼 충분히 만든다.

28 두 번째 카푸치노를 만든다.

29 모양의 위치와 우유를 넘치지 않게

30 자세를 바르게 하고 제조

31 실례하겠습니다. 카페 카푸치노 2잔 제공해 드리겠습니다.

32 카푸치노 제공 후 트레이를 놓는다.   33 시연 종료를 알린다.

□ 정리동작 5분 전체순서

1 손을 들고 바로 정리시작을 알린다.

2 포타필터에 커피를 제거한다.

3 가루가 많을 경우 솔을 써도 된다.

4 물로 씻어준 후 장착한다.

5 양쪽 다 청소한다.

6 그라인더 도저를 비운다.

7 솔을 이용하여 잔여가루를 제거한다

8 그라인더 받침대와 주변도 청소한다.

9 청소 시 행주로 깨끗이 마무리한다.

10 그라인더를 들어 청소 시 주의한다.

11 머신 밑부분 테이블도 닦아준다.

12 보조 테이블도 닦아준다.

13 평가된 커피도 정리한다.

14 모두 정리해서 조심히 이동한다.

15 정리 후 테이블에 올려놓는다.

16 스팀피처도 같이 정리한다.

17 행주와 리넨도 정리한다.

18 우유까지 모두 정리한 후 마침

참고문헌

송은경 역(2003), 커피이야기, 나무심는 사람

원융희(2003), 커피이야기, 백산출판사

김성윤(2004), 커피이야기, 살림

문준웅(2004), 커피와 차, 현암사

여동완 외(2004), Coffee, 가각본

권장하(2005), 커피의 문화의 발자취, 미스터커피sica출판부

김경옥 외(2005), 커피와 차, 교문사

이창신 역(2005), 커피 견문록, 이마고

장산문 외(2007), 커피학, 광문각

조윤정(2007), 커피, 대원사

변광인 외(2008), 에스프레소이론과 실무, 백산출판사

전광수 외(2008), 기초커피바리스타, 형설출판사

이영민(2010), 라떼아트, (주)아이비라인 · 월간COFFEE

서진우(2010), 커피바이블, 대왕사

강현주(2011), 커피, 창해

김일호 외(2013), 커피로스팅 사용설명서, 백산출판사

박영배(2016), 커피&바리스타, 백산출판사

최병호 외(2016), 커피 바리스타 경영의 이해, 기문사

Cheung(2003), Theresa, Coffe bagic, Conari Press

Cohen, L. H. Glass(1997), Paper, Beans

From Giallulym M.(1958), Factors Affecting the Inherent Quality of Green Coffee

Jocob, Heinrich Eduard(2002), Coffee: The Epic of a Commodity, Hans Joergen Gerlach

Liss, David(2003), The Coffee Trader

G. Wrigley(1988), "Coffee, Tropical Agriculture Series", Longman Scientific and Technical, New York

W. H. Ukers(1935), "All About Coffee", The Tea and Coffee Trade Jounal Company, New York.

A. Charrier and J. Berth Aud(1985), "Coffee, Botany, Biochemistry and Production of Beans and Beverage", edited by M. N. Clifford and K. Wilson, Croom Helm, London, New York, Sydney, pp.13~47

Peter Lummel(2002), Kaffee, Bra-Verlag

Kenneth Davis(2001), Coffee, St. Martin's Griffin

Karl Schapira 외 2인(1995), The Book of Coffee & Tea, St. Martin's Griffin

Luis Noberto Pascoal(2002), Aroma of Coffee, Fundacao Educa

【저자소개】

최병호
choibh1122@naver.com

· 세종대학교 대학원 호텔관광경영학 전공, 경영학 박사
· 대한민국 명장심사위원(식음료서비스부문)
· (前) 특1급 호텔 23년 근무(신라, 롯데)
· (현) 신한대학교 글로벌관광경영학과 교수(학과장)
　　　한국대학 식음료교육교수협회 회장
　　　(사)한국외식산업학회 부회장
　　　(사)한국호텔관광학회 이사
　　　글로벌식음료산업연구소 소장
　　　(사)한국정보관리협회 환대산업분야 필기 · 실기출제/심사전문위원

· 저서
　호텔경영의 이해
　음료서비스 실무 경영론
　호텔 · 외식 · 음료 경영 실무론
　최신 와인 소믈리에 이해
　호텔 · 외식 · 커피 바리스타 경영 실무
　식음료 경영 실무 등

· 논문
　호텔 식음료 업장의 고객관계 혜택의 중요도와 지각에 관한 연구
　와인 수입량의 결정요인 분석에 관한 연구
　호텔교육훈련 특성이 교육훈련 전이 성과에 미치는 영향 연구

김영은

· 세종대학교 대학원 호텔외식경영학 박사
· 세종대학교 대학원 호텔관광경영학 석사
· Managing Beverage Operation Course in U.S.A.
· (前) 서원밸리리조트 식음료 팀장
　　　커피프랜차이즈 샤갈의 눈내리는 마을 교육팀장
　　　신흥대학교 겸임교수
　　　세종대학교, 한양대학교, 안산공과대학교, 오산대학 등 외래교수
　　　WBC한국대표선발전 심사위원
　　　(사)한국식음료조리교육협회 커피자격시험 심사위원
　　　GANGNAM COFFEE LATEART & CREATIVE COFFEE CHAMPIONSHIP 심사위원
　　　한국음료연구회 식음료(커피)부문 자격검정위원회 심사위원
　　　전국대학생칵테일경연대회 심사위원
　　　한국능력교육개발원 커피필기 심사위원
　　　(사)한국대학식음료협회 상임이사, 커피분과 위원장
　　　한국외식산업학회 이사
· (현) 한국호텔관광실용전문학교 교수

　　한국식음료경연대회 우수지도자상 수상
　　CAEA 전국바리스타대회 강릉시장명 우수지도자상
　　KFBA 코리아푸드앤베버리지컨티발 우수지도자상 등 다수 수상

김정훈
tow7738@naver.com

- 세종대학교 관광대학원 호텔경영학과 석사 졸업
- 세종대학교 조리외식경영학과 박사 수료
- (前) 코레일관광개발 레일크루즈 해랑열차 승무원(Service Master)
- (현) 코레일관광개발 KTX 승무원(Service Master)
  한국호텔관광실용전문학교 호텔소믈리에&바리스타학과 외래교수
  송곡대학교 이랜드외식서비스과 외래교수
  장안대학교 항공관광과 외래교수
  (사)미래창조과학부 산하 한국정보관리협회 글로벌식음료산업연구소 이사
  (칵테일아티스트경영사, 사케소믈리에경영사, 와인소믈리에경영사, 커피바리스타경영사)
  (사)한국정보관리협회 환대산업분야 필기 · 실기 출제/심사 전문위원
  커피앤더시티 총괄이사

- 저서
  사케 소믈리에의 이해
  칵테일아티스트경영사의 이해

한준섭

- (前) 한주요리제과커피 직업전문학교 강의
  2016년 코리아팀 바리스타 챔피언십 우승
- (현) 로스터리제이 대표
  바리스타 심사위원
  한국호텔관광실용전문학교 외래교수

- 저서
  ALL OF THE LATTE ART
  홀릭커피&바리스타

저자와의
합의하에
인지첩부
생략

커피바리스타경영사의 이해

2017년 8월 30일 초판 1쇄 발행
2023년 4월 1일 초판 7쇄 발행

지은이 최병호·김영은·김정훈·한준섭
펴낸이 진욱상
펴낸곳 백산출판사
교 정 편집부
본문디자인 장진희
표지디자인 오정은

등 록 1974년 1월 9일 제406-1974-000001호
주 소 경기도 파주시 회동길 370(백산빌딩 3층)
전 화 02-914-1621(代)
팩 스 031-955-9911
이메일 edit@ibaeksan.kr
홈페이지 www.ibaeksan.kr

ISBN 979-11-5763-404-0 93570
값 25,000원